LES

RACES CHEVALINES

EN FRANCE

PAR

GUY DE CHARNACÉ

PARIS

CH. DELAGRAVE ET Cie, LIBR.-ÉDITEURS

58, RUE DES ÉCOLES, 58

1869

Toutes nos éditions sont revêtues de notre griffe.

Charles Delagrave et Cie

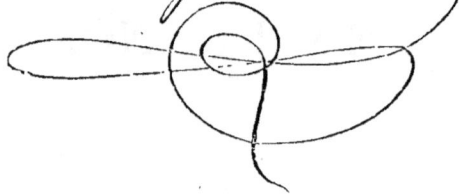

A LA MÊME LIBRAIRIE

DU MÊME AUTEUR :

Les Races bovines en France. In-18 jésus, avec figures.
75 c.

Les Mérinos, par M. ÉMILE BAUDEMENT, précédés de considérations générales sur l'espèce ovine, par M. GUY DE CHARNACÉ.
1 vol. in-18 jésus, avec figures, broché............... 2 fr.

Principes de Zootechnie, par LE MÊME. 1 vol. in-18 jésus,
avec figures, broché.................................... 2 fr.

CORBEIL. — Typ. et stér. de CRÉTÉ FILS.

LES RACES CHEVALINES

EN

FRANCE

Origine du cheval. — Quelle est l'origine du cheval? D'où vient-il? L'espèce entière vient-elle d'une souche unique?

Telles sont les questions qui se posent tout d'abord, sans qu'il soit possible de les résoudre avec certitude. Les auteurs ne sont pas d'accord sur l'origine de la plus noble conquête que l'homme ait jamais faite. Toutefois, il paraît démontré que toutes les races, que nous voyons aujourd'hui, proviennent d'origines différentes. L'historien rencontre le cheval sur les points les plus opposés du globe, et la science moderne va jusqu'à expliquer l'impossibilité d'un type unique par la différence des caractères dans les formes typiques.

Il y a donc lieu d'admettre que le cheval ne nous a pas été amené d'Orient, comme le voudraient certains naturalistes, mais qu'il se trouvait aussi sur le continent occidental.

Combien de races préexistaient avant les migrations des peuples? Voilà ce qu'il importe peu de savoir; mais ce qui est certain, c'est qu'à mesure que se sont multipliés et agrandis les grands voyages de l'humanité, que se sont étendues et fixées les relations de nation à nation, les races animales, et tout particulièrement les races chevalines, se sont mêlées ensemble

Ces croisements entre les races d'hémisphères différents, entre des familles nées sous des latitudes et dans
des contrées diverses, ont formé des races nouvelles.
Ces races, par suite de la différence des climats, des
cultures, des mœurs, des habitudes et des industries
pour lesquelles on les créait, ont revêtu des caractères
particuliers qui ne permettent plus qu'on les con-
fonde avec les éléments de leur formation. C'est jus-
tement ce travail d'appropriation qui constitue la ri-
chesse des pays civilisés, appropriation qu'on nomme
spécialisation des produits, division du travail en langage économique.

Cette idée admise, on conçoit dès lors que le nombre des races s'est augmenté en raison des besoins
mêmes de la civilisation.

C'est ainsi que le cheval d'Orient, introduit en Espagne et en France par les invasions des Maures et
des Sarrasins, a contribué à la formation de certaines
races auxquelles des milieux différents ont donné des
formes différentes. Plus tard le type oriental s'est
avancé plus au nord ; il a traversé de nouveau la mer
pour aller se répandre en Angleterre, et y prendre
une physionomie autre, sous l'influence d'un nouveau
climat, d'un nouveau régime. Le Barbe ou l'Égyptien
ont constitué là de nouvelles familles que, assez im-
proprement, on a baptisées du nom de — chevaux de
pur sang [1].

Purs de tout mélange au delà de la Manche, les
Orientaux se sont alliés en Allemagne et en Russie.
Ils y ont constitué, avec les races lymphatiques du Nord,
certaines races réputées à cette heure, et dont la plus célèbre se nomme la race Orloff, du nom de leur créateur.

[1]. Cette expression n'est, en effet, qu'un qualificatif dont le cheval anglais n'a point le monopole.

Conformation. — Il est certaines beautés absolues, qu'on doit rechercher chez tous les sujets de l'espèce, indépendamment de la spécialisation à laquelle tend l'éleveur. L'œil grand et bien sorti, les naseaux ouverts, la profondeur de la poitrine où fonctionnent le cœur et les poumons, l'élévation du garrot, le rein large, l'avant-bras long et le canon court, les jarrets larges, les articulations solides et la puissance musculaire sont les conditions essentielles de tout bon service de selle ou d'attelage. La bonne conformation du sabot est de toutes les qualités du cheval la plus importante. Comment en serait-il autrement, puisque c'est lui qui supporte toute la machine et qui est l'organe essentiel de la marche ?

Afin d'éviter les descriptions scientifiques, en dehors du programme qui m'est imposé, je me bornerai à signaler les défectuosités du pied, celles qui sont visibles à l'œil, et dont il faut tenir un compte rigoureux dans l'achat d'un cheval.

Les pieds défectueux sont : le pied trop grand ou trop petit, le pied plat, aux talons bas, le pied comble, le pied encastellé, caractérisé par la trop grande élévation, et par le resserrement des talons. Sans être encastellé, le pied peut être étroit et ses talons serrés ; il y a aussi le pied pinçard, qui appartient au cheval dont l'extrémité antérieure du sabot appuie seule sur le sol.

Tares. — Les tares sont les différents résultats d'accidents, d'usure ou de maladies. Les principales sont, aux jarrets : la courbe qui se développe sur la partie interne du tibia ; l'éparvin qui occupe l'extrémité interne et supérieure du canon, et envahit quelquefois les osselets de l'articulation, enfin toute la face interne du jarret le jardon, sorte d'exostose qui se manifeste à la face externe du jarret ; le vessigon ou épanchement synovial, le capelet dû, tantôt à une distension des gaînes synoviales, tantôt à un épaississement de la peau.

Au canon se montrent les exostoses, l'engorgement des tendons, les molettes ou tumeurs qu'on dit chevillées, quand elles y règnent des deux côtés du canon, l'effort de boulet dans de violents tiraillements des tendons qui font dévier l'articulation de son axe. Au paturon on trouve des prises de longe, des crevasses. A la couronne, on voit les eaux aux jambes, affection cartilagineuse. Dans les pieds se rencontrent des sillons circulaires, conséquence de la fourbure ; des javarts, sortes de tumeurs ; des seimes, gerçures longitudinales dans la corne de la muraille ; des bleimes ou contusions affectant la sole ou le quartier et déterminant une suppuration. Enfin, il se manifeste à la sole une maladie, appelée le crapaud, qui n'est autre chose qu'un ulcère de la peau, d'où s'échappe un suintement d'une odeur repoussante.

Vices rédhibitoires [1]. — Quelque attention qu'on apporte dans l'examen d'un cheval, il est certains défauts cachés, certaines maladies qui rendent l'animal impropre au service. La loi devait protéger l'acheteur, et c'est ce qu'elle a fait. Les cas de résiliation sont ceux-ci :

ARTICLE 1er. — Sont réputés vices rédhibitoires, et donneront seuls ouverture à l'action résultant de l'article 1641 du Code civil dans les ventes ou échanges, sans distinction des localités où les transactions auront eu lieu, les maladies ou défauts ci-après, savoir : pour

---

1. Cette loi doit être révisée dans le nouveau code rural. Ce chapitre sera donc revu et corrigé dans les éditions suivantes, après que le code à l'étude sera définitivement adopté.

le cheval, l'âne et le mulet, la fluxion périodique des yeux, l'épilepsie ou mal caduc, la morve, le farcin, les maladies anciennes de poitrine ou vieilles courbatures, l'immobilité, la pousse, le cornage chronique, le tic sans usure de dents, les hernies inguinales intermittentes, la boiterie intermittente pour cause de vieux mal.

ARTICLE 2.— L'action en réduction de prix autorisée, par l'article 1644 du Code civil, ne pourra être exercée dans les ventes et échanges d'animaux énoncés dans l'article 1er ci-dessus. L'acheteur a seulement le droit de faire reprendre l'animal, et de se faire restituer le prix payé.

ARTICLE 3. — Le délai pour intenter l'action rédhibitoire sera, non compris le jour de la livraison, de trente jours pour le cas de fluxion périodique des yeux, et d'épilepsie ou mal caduc, de neuf jours pour les autres cas.

ARTICLE 4. — Si la livraison de l'animal a été effectuée, ou s'il a été conduit, dans les délais ci-dessus, hors du lieu du domicile du vendeur, les délais seront augmentés d'un jour par cinq myriamètres de distance du domicile du vendeur au lieu où l'animal se trouve.

ARTICLE 5. — Dans tous les cas l'acheteur, à peine d'être non recevable, sera tenu de provoquer, dans les délais de l'article 3, la nomination d'experts chargés de dresser procès-verbal ; la requête sera présentée au juge de paix du lieu où se trouvera l'animal ; ce juge nommera immédiatement, suivant l'exigence des cas, un ou trois experts qui devront opérer dans le plus bref délai.

La requête, faite sur papier timbré, mentionnera le nom et le domicile de l'acheteur et du vendeur, le prix, le signalement de l'animal, le jour de la vente. Par précaution, on ne spécifie pas le cas rédhibitoire, afin que l'expert nommé ne soit pas limité à la constation d'un seul cas ; d'autres peuvent être découverts par lui.

L'ordonnance rendue par le juge doit être enregistrée; l'ordonnance rendue, l'huissier assignera le vendeur pour être présent à la prestation du serment de l'expert, et l'ajourne en outre à paraître devant le tribunal de son domicile : ce tribunal est la justice de paix, si l'animal a été vendu au-dessous de 200 fr., le tribunal civil en cas contraire ; c'est le tribunal de commerce, si le vendeur est marchand. Le vendeur doit recevoir la double assignation dans le délai voulu par la loi.

Si on a acheté deux animaux appareillés, on est fondé à demander la résiliation du contrat tout entier.

ART. 6. — La demande sera dispensée des préliminaires de conciliation, et l'affaire instruite et jugée comme en matière sommaire.

ART. 7. — Si, pendant la durée des délais fixés par l'article 3, l'animal vient à périr, le vendeur ne sera pas tenu à la garantie, à moins que l'acheteur ne prouve que la perte de l'animal provient de l'une des maladies spécifiées dans l'article 1er.

ART. 8. — Le vendeur sera dispensé de la garantie résultant de la morve et du farcin, s'il prouve que l'animal a été mis en contact avec des animaux atteints de ces maladies.

Telles sont les dispositions de la loi du 20 mai 1838. On peut renoncer aux garanties qu'elle offre; il reste alors au vendeur à se faire donner une renonciation écrite. On peut encore stipuler une garantie pour d'autres vices que ceux prévus par la loi. Dans ce cas, on devra éviter une garantie trop générale, et spécifier la maladie ou le défaut, voire même la qualité spéciale annoncée par le vendeur et prendre tel délai qu'on voudra. C'est à régler entre les parties.

Aptitudes. — Il existe un principe qui domine toutes les classifications de races, c'est celui des aptitudes. La spécialisation des produits, telle que Baudement l'a définie dans ses *Études sur la zootechnie*, est la conséquence de ce principe.

L'espèce chevaline possède trois aptitudes principales que l'éducation et la gymnastique fonctionnelle doivent porter à leur *maximum*, dans une agriculture avancée. Ces aptitudes, qui font que l'animal est propre à tel ou tel service spécial, sont représentées par trois types distincts : le cheval de selle, le carrossier et le cheval de trait.

Le cheval de selle. — Le type idéal du cheval de selle peut se rencontrer chez des individus de tailles très-différentes. Il se trouve chez les plus grands comme chez les plus petits animaux de l'espèce.

La tête du cheval de selle doit être légère, quelque forme qu'elle tienne de la race, son encolure longue, s'amincissant à l'attache de la tête, couvrant bien le cavalier, assouplie par l'exercice des muscles et pourvue de crins fins.

Certains chevaux ont ce que l'on nomme le coup de hache, sorte de dépression en avant du garrot qui entraîne, le plus souvent, l'encolure de cerf. L'encolure alors est dite renversée, c'est-à-dire que la courbure se montre à l'envers, entre le poitrail et la ganache. Cette conformation est tout à fait vicieuse, car elle rend impossible l'assouplissement des muscles et la position perpendiculaire de la tête vers le sol. Le cheval porte alors au vent, comme l'on dit ; le cavalier n'a plus d'action sur la bouche de l'animal et reste à sa merci. Comme on le voit, c'est un défaut capital.

L'élévation du garrot, qui rentre dans la beauté absolue, est cependant plus nécessaire encore dans le cheval de selle que chez tout autre, puisqu'elle maintient la selle en arrière des épaules, de façon à ce que

leur mouvement ne soit pas gêné par le poids du cavalier. L'épaule doit être longue, fortement inclinée
en avant et peu chargée de chair.

En dehors des beautés nécessaires que j'ai indiquées
plus haut, comme devant appartenir à toute l'espèce,
il est des qualités plus spécialement recherchées pour
telle ou telle spécialité.

Au cheval de manége on demandera un cou d'une
courbure très-accusée, qu'on appelle encolure rouée,
et des paturons longs qui entraînent les allures douces
et cadencées. L'Arabe et l'Andalou présentent plus
spécialement ces caractères.

Du cheval de chasse on exigera un grand développement de force dans l'arrière-main et de la légèreté
dans l'avant-main pour faciliter l'action du saut. Le
rein et la cuisse seront larges et puissamment musclés,
les hanches saillantes ; une croupe plus avalée qu'horizontale sera préférable ; les jarrets, à la condition
d'être larges, pourront se montrer coudés, sans inconvénient. Certains chevaux d'Irlande, ceux du Lin-
colnshire sont les modèles les plus parfaits du cheval
de chasse, type que l'élevage français ne réussit guère
qu'exceptionnellement.

A cet ensemble de qualités le cheval de selle devra
joindre l'élégance, la distinction des formes et la douceur du caractère.

Nos chevaux de cavalerie légère et de ligne rentrent
dans ce type.

Le carrossier. — C'est à dessein que j'ai pré-
féré la dénomination de carrossier à celle de cheval d'attelage. En effet, tout cheval, si son caractère
le permet, peut être attelé, et cela est si vrai que la mode
des petites voitures, très-répandue dans toute l'Europe
depuis quelques années, a permis d'atteler avec succès

les plus petits sujets de l'espèce. Nos races du Midi, entre autres, ont profité de la nouvelle mode, et si bien que
les plus jolis chevaux de victorias, ducs et paniers sont
précisément nos Navarrins et leurs voisins de la plaine
de Tarbes. Cependant il n'est pas permis de les ranger
dans le type du cheval d'attelage proprement dit. Par
leurs formes minces, ils appartiennent au type du
cheval de selle.

Au contraire, en disant carrossier, on comprend tout
de suite qu'il s'agit d'un cheval de 1^m,65 et au-dessus.

A vrai dire, il y a trois sortes de carrossiers : le cheval
de tilbury, de coupé, de « demi-fortune », que les Anglais
nomment *brougham-horse*, en un mot, un cheval qu'on
attelle seul. Il doit être, avant tout, fort, étoffé, large de
poitrail, de dos et de hanches, et avoir des membres
solides. On le trouve parmi les chevaux de taille moyenne
et près de terre, selon l'expression des hippologues.
Le modèle du genre se trouve en Angleterre, dans le
comté de Norfolk.

Il y a aussi le carrossier léger, qui comprend le cheval de phaëton et le cheval de calèche. C'est, avec le cheval de chasse, *hunter* des Anglais, le plus difficile à rencontrer même au delà de la Manche. On peut dire qu'en
France, on ne le trouve qu'à l'état d'exception. La raison
en est qu'on exige, du cheval de phaëton surtout, ce
qu'on demandait autrefois au cheval de cabriolet, lors-
que la mode en régnait : des allures vives, bien réglées
et de hautes actions, pour se servir d'un terme passé
en usage. Les chevaux qui possèdent l'exagération de
ces allures relevées sont connus sous le nom de *step-
peurs*, et leur valeur atteint parfois des chiffres considérables, à Londres comme à Paris.

A ces allures brillantes il faut joindre toutes les
qualités qui constituent l'élégance et la symétrie des
formes. Le cheval de phaëton est généralement un

1.

peu plus petit que le cheval de calèche, bien que tous deux soient des carrossiers légers.

Enfin le carrossier proprement dit vient se placer par sa grande taille au haut de l'échelle du cheval d'attelage.

On peut dire qu'il correspond aux chevaux de grosse cavalerie, et, si on ne le rencontre pas en France en bien grand nombre, et tel que le luxe le réclame, la Normandie fournit, en petite quantité il est vrai, de ces grands carrossiers qui rivalisent parfois avec ceux de l'Angleterre et de l'Allemagne.

Ceux dont la taille est la plus élevée sont les plus recherchés, et les plus chers par conséquent quand ils joignent à cet avantage la distinction, unie à l'ampleur des formes. On ne demande point la vitesse à ces chevaux de berline et de grands coupés ; des allures cadencées sont plus de mise à ces voitures de gala. Mais comme elles sont fort lourdes, un équilibre parfait des forces est une nécessité absolue chez le carrossier de grande maison.

On m'accusera peut-être d'avoir mis trop de raffinement dans la description des deux types précédents. Cependant il y aurait encore beaucoup à dire s'il ne fallait absolument rester dans les limites étroites où je dois me renfermer.

On ne doit pas oublier non plus que je me suis placé, dès le début, au point de vue industriel, tout autant qu'au point de vue zootechnique. N'est-il pas tout simple dès lors que la perfection reste mon objectif ?

Le cheval de trait. — Nos principales richesses consistent en chevaux de trait. Dans cette production aucune nation de l'Europe ne nous égale. La preuve s'en trouve dans nos états d'exportation.

Les beautés absolues, qui ne diffèrent point pour l'espèce entière, mises à part, nous sommes placés devant un type bien différent des types précédents, devant un cheval dont la caractéristique est très-éloignée de celles que je viens de tracer.

Ici il n'est plus question de peau fine, de crins soyeux, d'encolure légère, de queue portée haut, enfin de tout ce qui constitue la distinction dans la race.

On doit diviser le cheval qui nous occupe en deux spécialités : celle de trait léger et celle de gros trait.

Le cheval de trait léger est un type essentiellement français, et célèbre dans le monde entier. C'est le postier, le cheval de diligence, celui qu'on emploie pour le transport rapide des voyageurs et des marchandises sur les voies de terre, car la création des chemins fer, loin d'avoir diminué la production du cheval de trait léger, l'augmente, au contraire, tous les jours. On connaît donc sa conformation, c'est celle du cheval de gros trait réduit sous un plus petit volume et doué de bonnes allures.

Ce dernier offre à l'œil la masse de forces la plus considérable que puisse fournir l'espèce : encolure courte, épaisse, musclée ; poitrail ouvert, rein large, chargé de muscles puissants ; côtes arrondies et flancs étroits ; membres athlétiques et pieds solides. C'est surtout au limonier que le maximum de la grosseur des os et de la puissance des muscles est nécessaire pour qu'il puisse supporter les poids énormes dont on l'accable, retenir la charge dans les descentes, reculer et faire toutes les évolutions auxquelles il est soumis. A ces qualités physiques il faut encore que le limonier joigne les qualités que je dirai morales : la soumission, l'énergie, l'intelligence.

Et maintenant que j'ai décrit les différents types du cheval, tel que la civilisation, ou, pour mieux dire, tel que l'industrie l'a fait, je vais passer rapidement en revue la population chevaline de la France.

Les races françaises, obéissant à la loi commune, ont subi bien des transformations, que les uns regrettent et que d'autres approuvent. La vérité est que nous ne pouvons pas savoir si nos anciennes races seraient aujourd'hui en harmonie avec nos habitudes, nos goûts et nos besoins. Les hippologues du temps passé vantaient bien moins nos chevaux que ne l'ont fait depuis les détracteurs du temps présent, ce qui est tout à fait illogique. Il est plus que probable que les destriers, les palefrois de nos pères ne nous séduiraient plus, ou plutôt qu'ils ne serviraient plus aux mêmes usages. La transformation est la forme nécessaire du progrès. La stabilité, dans l'ordre économique, c'est la ruine.

Prenons donc les races, telles qu'elles sont, et voyons à en tirer le meilleur parti possible.

RACES LÉGÈRES

La race arabe. — Bien que la race arabe appartienne à l'Orient, elle s'est tellement acclimatée en Europe, à la suite de continuelles importations, elle s'est si bien mêlée à presque toutes nos races indigènes transformées par elle pour la plupart, qu'il est naturel que je la place en première ligne.

Non-seulement la race arabe a servi de type améliorateur à presque toutes les races européennes, mais encore elle s'est implantée, dans toute sa pureté, loin du soleil de l'Orient, au milieu des brouillards du Royaume-Uni.

Considéré au point de vue purement plastique, le type arabe, pur de toute alliance étrangère, est

Fig. 1. — Cheval arabe.

aussi le plus parfait de l'espèce. La couleur grise domine dans la famille algérienne, mais en Syrie et en Égypte on y rencontre toutes les robes. La taille varie de 1^m,45 à 1^m,56 ; la moyenne est de 1^m,50.

Le Barbe est le moins parfait. Si ses qualités morales n'ont pas dégénéré, l'harmonie des formes a subi de graves atteintes. La tête est souvent busquée, et l'encolure de cerf, dont j'ai déjà parlé se rencontre fréquemment chez l'Algérien. La croupe est presque toujours avalée et les jarrets sont clos à la façon des chevaux de montagnes. Il n'en reste pas moins un cheval de guerre hors ligne. C'est là sa destination rationnelle. Pendant la guerre de Crimée, nos chevaux d'Afrique furent les seuls qui supportèrent les privations et la vie en plein air, sous un climat cependant bien différent du leur, ce qui montre l'excellence de leur tempérament.

Les types les plus accomplis se rencontrent en Égypte et en Syrie, mais avec plus d'ampleur dans cette dernière contrée.

L'Arabe présente une tête qu'on peut qualifier d'intelligente, un front très-large et plat, des oreilles petites et mobiles, des yeux proéminents, bien ouverts, pleins à la fois de douceur, de fierté et d'ardeur, un chanfrein droit et large, les naseaux ouverts.

A deux dates différentes, la France a reçu deux échantillons remarquables de la race arabe.

En 1848, c'était un cheval du Nedje, dont la robe blanche argentée, la peau transparente laissait voir toutes les veines. *Abdani* était l'idéal de la forme, telle que l'artiste peut la rêver.

En 1862, l'émir Abd-el-Kader envoya trois étalons à l'empereur Napoléon III. L'ex-prisonnier d'Amboise, considéré, en Orient, comme le plus grand connaisseur en chevaux, parcourut toute la Syrie afin de choisir lui-même le présent qu'il destinait à son bienfaiteur.

Le plus accompli des trois était *Émir*, étalon alors âgé de huit ans, que l'administration des haras envoya d'abord au Pin et qui se trouve encore maintenant au dépôt de Tarbes. Voici ce que je disais d'*Émir* le 8 juin 1862, dans le journal *la Presse*.

« ..... Comme son nom l'indique, *Émir* est un cheval de prince, et célèbre dans sa tribu, par les courses qu'il a fournies. Rien de plus correct et de plus séduisant que ce petit animal qui réunit toutes les perfections : l'harmonie des formes, la vigueur d'un cheval de bataille et la légèreté d'un oiseau. Sa tête si gracieuse respire l'intelligence ; sur son encolure longue et souple flotte une crinière soyeuse ; son garrot est élevé et son rein court et large ; sa poitrine, ses hanches sont irréprochables ; ses membres sont d'acier, et ses paturons un peu longs indiquent que le cavalier dont il était la gloire devait, sans fatigue, faire de longues courses, au désert, à la poursuite des gazelles.

« L'émir Abd-el-Kader écrivait à l'Empereur qu'*Émir* était très-recherché des tribus les plus éloignées, qui le considéraient comme un cheval incomparable et un étalon précieux.

« *Émir* appartient, disait le *Moniteur*, à la race Kohel-« Obaïan ; il a pour berceau l'Irac, comme le célèbre « *Massoud* dont il rappelle l'ensemble et les rares beau-« tés, mais auquel il est supérieur par la profondeur « de la poitrine. On sait que *Massoud*, comme tous les « chevaux arabes de premier sang, était doué de la « merveilleuse faculté de bien se reproduire en tous « genres. Il fut père de *Marmot*, un des plus forts car-« rossiers qu'ait élevés la Normandie ; grand-père « d'*Eylau*, le cheval le plus vite qui ait couru sur

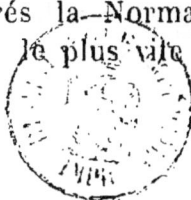

« le turf français ; grand-père de *Franc-Picard*, le
« meilleur cheval sauteur de notre temps, et arrière-
« grand-père de *Succès*, l'excellent étalon trotteur,
« père de *Miss-Pierce* et de vingt autres célébrités
« du même genre. Nul doute que, placé au haras du
« Pin, *Émir* ne devienne à son tour le père de nobles
« familles équestres, et que, selon l'expression si juste
« d'Abd-el-Kader, *un seul ne vaille mieux que mille !* »

« Tout, en effet, dans *Émir*, nous révèle qu'il ne peut
avoir qu'une illustre origine ; c'est l'Oriental dans
toute sa pureté et dans toute sa séduction. Son bel œil
si ouvert a tout à la fois une expression de douceur et
de fierté. En considérant ce noble animal, on songe
au coursier des contes arabes qui fait pour ainsi dire
partie de la famille du scheik. Il me semble voir les
habitants de la tente suivant d'un œil humide leur
fidèle compagnon, troqué pour un monceau d'or, et
qui part pour ne plus revenir. »

Le cheval de pur-sang. — Le cheval anglais,
dit de pur sang, n'a pas d'autre origine que le cheval
d'Orient. Cependant il est du devoir de l'historien de
signaler les doutes qu'ont manifestés quelques hippologues sur la pureté du *race horse*. Ces derniers pré-
tendent qu'il n'est nulle part fait mention d'importation de juments sur le sol britannique et que, par
conséquent, le cheval anglais, dit de pur-sang, n'aurait aucun titre à cette désignation.

La question est, il est vrai, pleine d'obscurité, et
personne, jusqu'ici, ne l'a résolue définitivement. Si
l'importation de juments d'Orient n'est pas démon-
trée, le contraire ne saurait être admis sans conteste,
par la même raison. Les preuves manquent.

L'homogénéité de la race, la ressemblance qu'ont,
entre eux, tous ses rejetons, sembleraient démontrer

qu'elle puise son origine dans un nombre très-limité d'ascendants de la même race. Je serais très-disposé à admettre, pour ma part, qu'au moment où Jacques Ier achetait d'un certain Place, plus tard chef des haras de Cromwell, l'étalon *Withe-Turk*, on ait également importé quelques juments de l'Arabie.

Ce qui m'autorise à le croire, c'est que le *Studbook*, livre généalogique de la race de pur sang, ne fait point mention des premières importations. Il commence avec *Darley-Arabian*, au commencement du dix-huitième siècle. Et du moment que le livre omet ces premiers chevaux venus de l'Orient, pourquoi ferait-il mention des juments?

Si la race ne s'est point établie en Angleterre par l'introduction de reproducteurs mâles et femelles, comment s'est-elle donc constituée? Là-dessus, le doute n'est pas possible; c'est évidemment par le croisement de l'étalon arabe et de juments indigènes trouvées dignes par leurs qualités de s'allier à un si noble sang. A la suite de ce premier croisement, il est vraisemblable qu'on sera revenu tout de suite à la souche des pères qu'on voulait s'approprier, et que ce n'est qu'un peu plus tard qu'on aura eu recours au métissage, et à l'*in and in*, c'est-à-dire à l'union entre eux des produits de la nouvelle famille. S'il en était ainsi, et c'est l'opinion de Baudement, la doctrine de la formation des races par le croisement et plus encore la fixité des métis recevrait de ce fait une consécration importante.

Malgré l'intérêt que présente l'historique de la race dite de pur sang, il me faut l'abréger, sans nous arrêter ni à *Godolphin-Arabian*, acheté à Paris par lord Godolphin qui avait su découvrir ses qualités dans les brancards d'une charrette, un jour qu'il traversait le

Pont-Neuf; ni à *Eclipse*, le plus célèbre de tous les vainqueurs d'hippodrome [1].

Que la race arabe ait été importée tout d'une pièce, en Angleterre, ou qu'elle ait servi à former une nouvelle race qui emprunte à l'élément principal, l'étalon arabe, ses traits caractéristiques, il n'en est pas moins vrai que le climat, la nourriture, et la préparation aux luttes de l'hippodrome, connue sous le nom d'*entraînement*, ont donné un nouvel aspect au type oriental. Bien qu'identiques par leurs caractères zoologiques, les deux chevaux diffèrent cependant par quelques caractères secondaires. L'œil le moins exercé distinguera, en effet, immédiatement l'Arabe de l'Anglais. Ce dernier est plus grand, plus allongé et moins arrondi dans ses formes que le premier. La tête elle-même, qui semblerait appartenir à la même race par certains de ses traits, n'a cependant pas la même physionomie.

La race, dite pur sang, n'a guère été introduite en France d'une façon régulière que vers l'année 1821. Depuis cette époque, elle s'est multipliée, chez nous, entre les mains de propriétaires riches, et conservée pure de tout mélange, au moyen d'un livre généalogique authentique. Elle s'est même sensiblement améliorée dans ces derniers temps sous l'em-

---

1. Je possède l'un des très-rares portraits d'*Éclipse*, père d'une nombreuse lignée de chevaux de course. Cette magnifique gravure de Burke, d'après une peinture de Stubbs, nous représente *Éclipse*, en plein état d'entraînement, à la porte de son écurie. Il est tenu par son entraîneur, au moment où le jockey, en culotte courte, en bas et en brodequins, va s'élancer sur son dos, sans doute pour lui donner un galop d'exercice. *Éclipse* a une longue liste en tête et une balzane à la jambe droite de l'arrière-main. Il est puissamment musclé et fortement membré, tenant le milieu entre *Émir* et *Gladiateur*, pour la force. Je tiens cette rarissime et précieuse gravure, datée de 1773, London, de la gracieuseté de S. E. le général Fleury, directeur général des haras.

pire des encouragements de l'État et des principes
de la Société d'encouragement, connue sous le nom
de *Jockey-Club*. Les courses, fondées par cette société,
en 1833, ont conservé à la race son type et ses aptitudes, et avec un tel succès que la différence est nulle
entre la production anglaise et la production française, la quantité mise à part. Si, dans les courses inter-
nationales instituées à Paris, les chevaux anglais ont le
plus souvent vaincu les nôtres, l'élevage français a pris
de glorieuses revanches, non-seulement sur le terrain
parisien, mais encore sur le turf d'Outre-Manche.

La célébrité de ces dernières années, c'est le vainqueur du grand prix de Paris, et du Derby d'Epsom,
en 1865, c'est *Gladiateur*, qu'on a surnommé l'*Éclipse*
français. Le cheval de M. le comte de Lagrange est le
modèle accompli du reproducteur; c'est la puissance
arrivée à sa plus haute expression. Vainqueur de tous
les vainqueurs, *Gladiateur* présente aux connaisseurs
toutes les qualités qui font, à la fois, le grand cheval
d'hippodrome, et l'étalon d'élite : les grandes lignes,
le développement musculaire, la forte charpente osseuse, la solidité et la largeur des membres, une taille
élevée, et cette noblesse qui vient de l'ancienneté de
la race.

Gladiateur, né au haras de Dangu, en Normandie,
a rapporté, à son propriétaire, plus de 500,000 francs
en prix de courses.

Le rôle du cheval dit de pur sang ne s'est pas borné
là. A l'exception des races de gros trait, toutes les
autres, du nord au midi, et de l'ouest à l'est de
la France, ont été croisées avec l'étalon de pur
sang. Cette application de la doctrine du croisement a été souvent blâmée, mais à tort. De l'aveu de
ceux qui peuvent comparer la population chevaline
actuelle avec celle que nous laissèrent les guerres

de l'Empire, le progrès est incontestable, énorme. Peut-être bien que le croisement a été pratiqué, parfois sans intelligence, dans des centres où la pauvreté de la culture ne l'autorisait pas; que, dans le Midi, par exemple, on eût mieux fait de n'employer que le cheval arabe, dont la petite taille s'harmonisait mieux avec la jument du pays et avec les ressources du sol, mais, dans tout l'ouest, le croisement avec la race dite pur sang donne les meilleurs résultats.

Les chevaux normands. — L'origine du cheval normand est inconnue; cependant, l'invasion des Maures, d'une part, et celle des hommes du Nord, de l'autre, doivent déterminer à quels types appartiennent les chevaux du Merlerault et ceux du Cotentin.

Personnellement, et en l'absence de preuves certaines, je serais porté à croire que le sol, seul, a créé les différences que l'on retrouve encore aujourd'hui entre les Merlerautins et les chevaux de la plaine de Caen. En effet, depuis 1833, ce sont les mêmes étalons anglais qui ont servi ici et là à l'amélioration; ce qui n'empêche pas que les produits sont fort différents.

Il est de mode, chez certaines gens, de regretter toujours le temps passé; c'est ainsi, par exemple, qu'ils vantent de parti pris l'ancienne race normande, comme si jamais elle avait été douée de toutes les qualités dont elle serait dépourvue aujourd'hui.

Ce qu'il faut dire, c'est que nulle part on ne retrouve la trace d'une race normande, née spontanément sur le littoral de la Manche. Toutes les chroniques, au contraire, prouvent que c'est une race importée du Nord, et vraisemblablement du Danemark.

En second lieu, il est un fait à noter, c'est que tous ceux qui ont écrit sur le cheval normand, l'ont de tout temps représenté comme dégénéré. Les lamentations

Fig 3. — Cheval normand.

de tous les hippologues en font foi. Et, en vérité, le portrait qu'ils nous ont laissé du cheval normand ne le fait pas regretter. Si l'expression varie, le fond est le même partout. Et nous allons le trouver résumé dans les lignes suivantes de M. Person, répondant, en 1840, à ceux qui demandaient qu'on renonçât aux étalons anglais pour revenir au reproducteur normand.

« *Bone Deus!* Des étalons normands! disait-il, ouvrez donc les yeux, toute la génération actuelle est de leur fait. Il n'y a pas dix ans, nos haras en étaient encombrés; ils ne le sont encore que trop aujourd'hui. Qui a empoisonné le pays de ces têtes longues et bêtes, de ces épaules rondes, de ces garrots enterrés, de ces reins mous, de ces hanches faibles, de ces jarrets empâtés qui font notre désespoir? Les étalons normands! Qui a donné l'être à cette quantité de rosses qui déshonorent le nom de poulinières, à cette multitude de troupiers manqués, qu'on ne trouve même plus dignes de porter des soldats? Des étalons normands!..... Non, non, c'est une graine dégénérée, qui doit être renouvelée. Depuis longtemps elle aurait dû l'être; car, ne vous y trompez pas, le mal ne date pas d'hier, comme vous paraissez disposé à le croire. »

Et M. Gayot complète ce tableau de la production chevaline en Normandie, avant 1833, époque à laquelle a été entreprise l'amélioration par le croisement.

«La tête était busquée, dit l'ancien directeur général des Haras, après avoir étudié la race dans les auteurs qui ont précédé le savant hippologue : l'œil était petit et morne, l'oreille lâche et mal portée; l'encolure courte, épaisse, couenneuse, chargée du poids d'un volumineux coussin de graisse formant saillie plus ou moins fort sous

la crinière : il y avait par là comme la naissance d'une
bosse de chameau différemment placée. Les épaules
grosses et courtes, au lieu de descendre pour abais-
ser la poitrine, s'élevaient au-dessus de cette région et noyaient le garrot, que la forme, le poids et
le volume de la tête auraient exigé haut et bien sorti.
Le dos était bas et foulé, le rein long, mal attaché,
peu soutenu ; la croupe presque horizontale et la
queue molle. Les hanches étaient hautes, droites, effacées, faibles dans l'action. Les jarrets, pleins et vacil-
lants, souvent tarés, fonctionnaient mal. La coupe du
membre postérieur était très-défectueuse, se dessi-
nait, selon l'expression admise, en faucille. Le thorax,
loin de terre, se relevant brusquement en carène de
vaisseau, les fausses côtes n'avaient pas toujours assez
de longueur ; le cœur et le poumon, ces organes si
essentiels à la plénitude de la vie, n'avaient qu'un
étroit espace dans une poitrine aussi peu développée.
L'avant-bras était maigre et pauvre, le genou creux
sur le devant donnait au membre antérieur une direction arquée en arrière ; les canons étaient minces,
les tendons faillis, les articulations faibles et mal at-
tachées, les poignets creux comme le genou..... Le
cornage s'était héréditairement fixé dans la race, la
pousse en atteignait, de bonne heure, les individus...»

Il y a loin, il faut l'avouer, de cette description à
celle qu'on peut donner de la population régénérée,
aujourd'hui, par le sang anglais.

L'élevage, en Normandie, peut se diviser en deux
centres principaux : celui du Calvados et de la Manche, ou la basse Normandie, et celui du Merlerault.

Dans le premier, c'est le grand carrossier, élevé
dans de plantureux herbages jusqu'à l'âge de trois
ans. A quatre ans, il va pâturer les sainfoins de la
plaine de Caen, attaché à un piquet. De là, il passe

dans quelques grandes écuries, cu on l'engraisse avec des farineux, pour être ensuite vendu au commerce proprement dit.

Comme on le voit, l'éducation fait complétement défaut; de là vient la défaveur qui pèse encore sur le cheval normand, mou, lymphatique et qui ne semble trouver un peu de vigueur que pour se soustraire au joug de l'homme. Les écoles de dressage, fondées d'abord par l'industrie privée, puis réorganisées par l'administration des Haras, en 1860, les primes qu'elle donne aux produits dans les concours publics de dressage, sont venues, fort à propos, modifier le fâcheux état des choses. Avec le temps, certaines mesures prises par le directeur général des Haras et aussi par la Société hippique française, dont le concours général se tient annuellement à Paris, au mois d'avril, porteront leurs fruits.

L'usage du pâturage au piquet, qui ne permet pas au poulain de développer sa force musculaire par l'exercice, et l'habitude de faire saillir les pouliches à deux ans, au moment même où s'opère leur croissance, sont deux causes essentiellement nuisibles aux chevaux du Calvados.

Le second centre de l'élevage normand a été parfaitement décrit par M. Charles du Haÿs, dans un très-intéressant volume, intitulé le Merlerault. Les lignes suivantes que je lui emprunte feront mieux connaître que toute autre description la production du Merlerault, portion du département de l'Orne.

« Le sol, dit le très-compétent M. du Haÿs, offre dans toute son étendue une constante uniformité, et présente partout un calcaire argileux, légèrement mélangé de cailloux dans la partie nord-ouest. Seule, une petite plaine située entre le Merlerault et Nonant, et complétement enchâssée dans les herbages, réunit le

sable à l'argile et au calcaire, et doit à cette composi-
tion une fertilité remarquable.

« Les eaux sont belles et contiennent de notables
quantités de chaux et de fer, circonstance à laquelle
il faut attribuer la densité des os et des muscles, chez
les animaux élevés dans le Merlerault, la netteté de
leurs membres, la vigueur, la longévité et la distinction
dont ils sont doués.

« Les affections qui désolent certaines contrées :
le cornage, la fluxion périodique, les engorgements de
jambes, etc., y sont complétement inconnus. Les
seules maladies qu'on y rencontre se bornent presque
toutes à quelques affections du larynx. Certains pays,
renommés par l'ampleur séduisante de leurs races chevalines, ont des herbes molles et abondantes, des pâturages plantureux qui portent à la lymphe et entre-
tiennent le cheval dans un état de somnolence voisine
de l'inertie. Il n'y est besoin que de simples fossés,
que de légères clôtures pour retenir les animaux dans
les enclos qui lui sont assignés. Il n'en est pas de
même dans la Merlerault. Le cheval, constamment
excité par les herbes et l'action des eaux qui composent son alimentation, est porté aux courses écheve-
lées au milieu des prairies, et souvent les meilleures
clôtures sont impuissantes contre les désirs de l'in-
connu, contre ses besoins de la visite d'un herbage à
l'autre.

« Ces herbes vives, énergiques et nutritives, les eaux
saines et toniques qui donnent aux os du volume et de
la dureté, aux muscles de la force et de la résistance,
poussent assez peu à la taille. Aussi le Merlerault ne
fait-il pas indistinctement des chevaux de tous les genres. Mais depuis le cheval de sang nerveux et compacte, depuis le cheval de selle fort et distingué, depuis le hunter solide et musculeux, jusqu'au cheval

brillant de phaéton et au petit carrossier, le Merlerault ne redoute aucune rivalité. »

Ces deux centres offrent donc des produits très-dif-
férents dans leurs aptitudes, et il est d'une sage mé-
thode de ne pas violenter la nature en voulant faire
ici ce qu'on fait là-bas, dans d'autres conditions de
sol ou de culture. Toutefois, il n'y a en Normandie, à
proprement parler, qu'une seule race de chevaux à
laquelle la variété dans les procédés d'éducation, et la
diversité des sols, donnent des caractères secondaires différents et des aptitudes diverses. Au fond, il suit
de l'application des doctrines, établies dans le petit
livre, que la race est la même à Alençon et à Caen.

Mais cette race, dira-t-on, existe-t-elle avec tous
les caractères qui constituent, en zootechnie, la race ?

A cette question on peut répondre : Oui, la race
normande existe, non plus telle qu'elle était autrefois
avec les caractères des anciennes races du Nord, mais
transformée et comme coulée dans un moule, qu'on retrouve sur plusieurs points de l'Europe. Le corps est
toujours compacte, de formes arrondies, mais la tête
n'est plus partout busquée ni l'œil petit. L'encolure
n'est plus aussi rouée, mais elle s'est allongée. Les
épaules suivent une meilleure direction et les canons
sont plus courts. Le pied qui, au dire de Grognier,
était un peu haut s'est corrigé. La disposition des
rayons des membres ayant été modifiée, les allures ne
sont plus surélevées, mais la vitesse y a gagné.

Dans le Yorkshire, dans le Hanovre, en Normandie,
la race dite de pur sang anglais, hantée sur les races
locales, a fini par constituer, par des croisements plus ou
moins répétés, une race de carrossiers qui pourraient
s'appeler les métis du pur-sang, comme il existe, en
Allemagne et en France, des moutons dits métis-mé-
rinos.

2.

Ces métis de pur sang sont parfaitement fixes. Ils se reproduisent avec une constance indéniable, et de façon à se laisser reconnaître, dès le premier abord, par toute personne un peu exercée.

Est-ce à dire qu'il ne se trouve pas dans le Yorkshire et en Normandie des sujets chez lesquels certains détails de la conformation rappellent, encore plus ou moins, les races d'avant la conquête du repro ducteur oriental? Assurément non. Ces races ne sont pas établies depuis si longtemps qu'il ne se produise pas, par-ci par-là, des retours vers les races locales. Mais ce qu'il est important de noter, c'est que ces « coups en arrière », comme disent les Allemands, deviennent de plus en plus rares. Il faut ajouter aussi, en réponse à ceux qui accusent la population chevaline normande de manquer d'homogénéité, que les herbages reçoivent des poulains du Perche, de l'Anjou, de la Vendée et du Poitou, produits divers qui viennent encore augmenter les disparates, reprochées à la nouvelle race.

L'administration des Haras réserve ses meilleurs étalons pour la Normandie, à laquelle l'État depuis un demi-siècle prodigue sous toutes les formes de nombreux encouragements.

Le cheval angevin. — L'Anjou ne possède point, à vrai dire, une race bien déterminée, et je n'ai vu nulle part qu'il en ait jamais été autrement. La production chevaline y a toujours été fort négligée ; le paysan réservant tous ses soins pour le bœuf, que les engraisseurs vendéens et les herbagers normands viennent lui prendre à bons deniers comptants, après que ce paisible laboureur a traîné pendant quatre et six ans la charrue dans les terres fortes de Maine-et-Loire. Avant, comme depuis 1789, la Remonte a cependant

toujours trouvé, en Anjou, de bons chevaux de cavalerie légère et de ligne. Mais comme leur aspect ne
disposait point en leur faveur, les achats importants
ne se faisaient qu'en temps de besoins extraordinaires,
et à des prix peu rémunérateurs.

En effet, le cheval angevin, négligé par l'éleveur,
couchant aux champs la plus grande partie de l'année, ne recevant à l'écurie que le plus mauvais four-
rage, ne mangeant d'avoine qu'au moment des plus
durs travaux de l'été, pendant le battage des grains
par exemple, ne paye pas de mine.

Sa tête est le plus souvent lourde, mais bien attachée, son encolure courte et mince, son rein long,
arqué, fort ; ses hanches sont saillantes et sa croupe
inclinée ; ses membres légers, mais très-denses. D'une
santé robuste, d'un tempérament nerveux, il est sujet
à une maladie qui tend heureusement à disparaître :
la fluxion périodique.

Les premiers essais de croisement avec l'étalon
arabe, tentés en 1806 [1], ont parfaitement réussi. Les
meilleurs chevaux angevins, ceux qui, depuis vingt
ans, se sont acquis une réputation dans les courses
locales et à la chasse proviennent de cette souche.

L'étalon de pur sang anglais, et celui de demi-sang sont
venus, depuis 1833, modifier un peu la production qui,
sous l'empire d'une alimentation plus riche, s'est ac-
crue sous le rapport du nombre et de la taille, sans dé-

1. A la suite de ces premières tentatives, mon grand-père ayant
offert à Napoléon 1er un jeune cheval, fils d'un étalon ramené d'É-
gypte par l'empereur, et élevé sur la terre du Bois-Montbourcher,
canton du Lion-d'Angers, le marquis de Charnacé, déjà directeur du
dépôts d'étalons d'Angers, fut envoyé à Langonet, en Bretagne,
pour continuer l'œuvre si bien commencée en Anjou. Ce dépôt était
considérable alors, et renfermait des reproducteurs de toute l'Europe. Les chevaux des écuries de Versailles et ceux de toutes les
cours de l'Europe ramenées par le vainqueur des peuples, y avaient
été réunis pour les soustraire à l'invasion étrangère.

passer toutefois celle exigée pour la cavalerie de ligne. L'étalon normand de demi-sang réussit moins bien que celui qui a moins de volume, moins de taille, et dont le tempérament a plus d'analogie avec celui de la jument du pays. On trouve aujourd'hui dans le Craonnais et dans l'arrondissement de Segré, des chevaux qui ne sont pas sans valeur, au point de vue purement extérieur. Car, absolument parlant, on peut dire qu'il n'existe point de mauvais chevaux en Anjou. Tous ont une énergie et un fond vraiment extraordinaires. Sous l'influence du cheval de pur sang, l'encolure s'est allongée et l'harmonie des formes a succédé au décousu qui était, autrefois, le propre de la population chevaline du pays.

Ce que je viens d'en dire s'applique également aux chevaux de la Vendée, du marais et du bocage vendéens et poitevins qui, toutefois, sont plus grands, plus corsés, plus amples, et que l'industrie du pays jette, à l'âge de trois ans, dans les pâturages de la Normandie, où on les confond avec les produits de cette contrée. Et de même que le marais vendéen produit des juments, réservées à la production des mulets, comme nous le verrons plus tard, une partie de l'Anjou et du Maine s'adonne au cheval de trait. Dans les environs de Château-Gontier, les labours se font avec les chevaux, depuis que le progrès agricole a pénétré dans cet arrondissement; et c'est naturellement à la race percheronne que la culture a demandé des auxiliaires. Les poulains sont vendus à l'âge de six mois à un an. C'est assurément la meilleure opération qu'on puisse faire.

Les résultats obtenus par les éleveurs angevins commencent à attirer l'attention de l'administration des Haras. Son chef actuel, le général Fleury, veut bien depuis quelques années allouer aux comices agricoles du Lion-d'Angers, de Craon, de Château-

Gontier et de Mayenne, des primes qui porteront leurs fruits.

Le cheval breton. — Le sol armoricain est l'une des plus riches pépinières chevalines que nous possédions. Elle est aussi l'une des plus variées. Il ne saurait en être autrement, puisqu'elle est assise sur quatre départements : le Finistère, les Côtes-du-Nord, le Morbihan et l'Ille-et-Vilaine, dont la configuration varie à l'infini. Sur la lande et sur la colline de petits chevaux réputés pour leur rusticité, pour leur vitesse et leur endurance et auxquels on peut attribuer une origine orientale. Les bidets de Rostrenen, de Corlay et de Callac sont célèbres. Sur le littoral une race de chevaux de trait venus du Nord : Danois, Allemands et Flamands d'origine. Dans les environs de Saint-Brieuc et de Lamballe, on élève aussi quelques carrossiers communs qu'on doit classer parmi les chevaux de trait légers dits postiers.

Ici comme ailleurs, le progrès zootechnique ne peut venir qu'avec les améliorations culturales. Nulle autre contrée, en France, ne pourrait produire de meilleurs chevaux que la Bretagne, à en juger par ceux qu'on y entretient pour ainsi dire à l'état sauvage. En outre, le paysan breton aime le cheval et le monte avec une hardiesse qui rappelle celle des cavaliers numides. Sans selle et n'ayant pour toute bride qu'une corde passée dans la bouche du cheval, on le voit, aux jours de fêtes, organiser des courses effrénées sur la lande, luttes dont l'enjeu est tantôt un fichu en coton, tantôt un chétif mouton, valant bien un petit écu.

L'étalon anglais à tous les degrés de sang et le cheval arabe servent à l'amélioration de la race. Là où les produits des croisements reçoivent de bons soins,

principalement au centre de la Bretagne, on voit sur-
gir d'excellents chevaux de selle, d'une taille moyenne
et d'une conformation agréable à l'œil.

Chevaux lorrains et alsaciens. — J'ai peu de
choses à dire de la population chevaline de la Lor-
raine et de l'Alsace. Bien que les prairies qu'arrose la
Moselle fournissent un foin de première qualité, le
cheval n'est guère considéré par le cultivateur que
comme moteur de la charrue. On ne se préoccupe
pas de son extérieur, n'ayant point à le préparer pour
le commerce. Les efforts tentés par l'administration
des Haras dans l'Est sont restés sans résultat ; non pas
que la race soit mauvaise, mais parce que l'industrie
du pays ne se porte point sur cette branche de l'agriculture.

Chevaux nivernais et bourguignons. — On
peut en dire autant des chevaux de la Bourgogne, où
l'élevage du bœuf absorbe tous les soins du cultivateur. Qui oserait l'en blâmer ?

L'ancien cheval des montagnes du Morvan, très-
apprécié jadis, a presque entièrement disparu. Les
chasseurs à courre du Morvan lui avaient fait une
réputation. Aujourd'hui le luxe a importé le cheval
anglais, et le petit Morvandeau est resté exclusivement
aux mains des charbonniers. L'herbe des forêts
constitue dans cette condition sa seule nourriture.

Le cheval limousin. — C'est à la cavalerie
arabe, laissée en Limousin par les Sarrasins, après la
défaite que leur infligea Charles Martel, qu'il faut faire
remonter l'origine de la race limousine. Elle fut
longtemps célèbre par les qualités que sa souche lui

avait fortement imprimées, surtout à une époque où l'élevage du cheval de selle était fort répandu.

Ce petit Limousin était d'une vigueur étonnante, d'une rusticité et d'une longévité rares. Il avait le pied sûr et des membres d'acier. Aujourd'hui il est bien dégénéré. Le croisement avec l'étalon anglais, en élevant la taille, en dépit de la situation culturale du pays qui devait s'opposer à cette transformation, a été funeste au cheval limousin. Toutefois, tel qu'il est, on peut encore le considérer comme un bon cheval de cavalerie légère.

Les chevaux auvergnats. — Ce que je viens de dire s'applique également aux chevaux de l'Auvergne, qui, moins distingués de formes que ceux du Limousin, n'en ont pas moins toute la vaillance et aussi le caractère un peu quinteux. Les premiers ont, en outre, tous les caractères des montagnards, y compris l'entêtement de l'Auvergnat, son maître.

Le cheval de la Camargue. — Nous voici de nouveau en face du type arabe, mais cette fois très-effacé, très-réduit, et tout à fait misérable. L'histoire rapporte, en effet, que c'est de l'envahissement du midi de la France par les Sarrasins que nous viennent ces petits chevaux que leurs qualités rustiques font apprécier du consommateur parisien. Les écuries des fiacres de Paris en possèdent un grand nombre, tant leurs services y sont appréciés.

Les chevaux des Maures se sont répandus dans le delta du Rhône, et dans la vaste plaine de la Crau sur la rive gauche du fleuve. Ici et là, bien que les sols diffèrent essentiellement et, malgré une absence totale de soins, il a conservé les traces de son origine orientale.

En effet, le Camargue est le produit naturel d'un sol, sinon pauvre, du moins inculte. Il est petit, le plus sou-vent gris, et ne s'élève que fort rarement à la taille re-quise pour la cavalerie légère. Sa tête est carrée et bien attachée, son oreille courte, son œil vif, son enco-lure droite, mince et parfois renversée, comme celle du cerf, son épaule droite, son garrot élevé, son épine dorsale saillante, son rein long, sa croupe courte et avalée. Ses cuisses sont plates, dénuées de muscles, comme ses reins, ses jarrets clos et forts, ses membres secs, ses pâturons courts et ses pieds excellents. Le Camargue est docile, sobre, courageux et résistant à la fatigue, à l'abstinence, aux intempéries, aux chan-gements de température. On l'emploie, surtout, au dépicage des grains, jusqu'au jour où le rouleau, déjà en usage, modifiera cet exercice pénible, où le pauvre animal fait, chaque jour, peut-être dix-huit lieues, enfoncé dans la paille jusqu'aux oreilles. Le foulage des grains terminé, la chétive petite bête retourne exténuée dans ses marais, où elle devient la proie des sangsues et des moustiques.

Le cheval landais. — Le petit cheval des landes de Gascogne diffère peu du précédent. Comme lui, il fait preuve d'une grande adresse et de beaucoup de souplesse dans l'exercice de la *ferrade*. Cette ferrade est l'opération qui consiste à marquer au fer rouge les bœufs sauvages que l'on veut reconnaître. Pour cela, il faut les capturer, et c'est à cette chasse que les paysans de la Camargue et des Landes excellent. Montés sur leurs chevaux, ils rivalisent de vigueur, de courage et d'adresse avec leurs montures.

Le cheval des Pyrénées. — Le cheval navarrais a laissé un nom célèbre dans l'histoire de la cavalerie française et une réputation que lui dispute aujourd'hui son ancêtre, le cheval barbe. Ce dernier nous était arrivé d'Espagne avec les Maures, où il a vécu pendant plus de huit siècles. On le retrouve dans les départements des Hautes et des Basses-Pyrénées, dans l'Ariége, où il est particulièrement robuste et assez fort pour traîner les plus lourdes diligences, telles qu'on les voyait autrefois dans le Gers, dans l'Aude et la Haute-Garonne.

Qu'il vienne de la plaine de Tarbes ou des environs de Pau, le cheval des Pyrénées est le type du cheval de cavalerie légère. Les fameux hussards de Chamboran et de Berchiny se remontaient en Béarn et en Navarre. A cette époque, c'était le type de l'Andalou avec une tête trop longue et trop grosse, la ganache chargée, les oreilles longues, l'encolure serrée et épaisse, le rein double, l'arrière-main disgracieuse par son étroitesse, mais bien musclée.

En 1806, après les désastres de Russie et de Waterloo, on songea à relever la production chevaline du Midi. L'étalon oriental y fut ramené à l'état de pureté. On cite, entre autres étalons, *Mahomet*, un Asiatique qui a laissé de nombreux rejetons, et un cheval anglais, donné à la province par un éleveur distingué du pays, le comte de Montréal.

Mais, hélas! les réquisitions de guerre en 1813, 1814 et 1815 vinrent de nouveau appauvrir la population chevaline du pays.

Sous la Restauration on s'occupa encore de la race navarraise; mais, à partir de 1830, on eut le tort de vouloir la grandir en employant des pères plus élevés que les Arabes et qu'on emprunta à l'Angleterre. Ce fut une faute grave, car le sol granitique des Pyrénées et l'agriculture des plaines n'autorisaient pas ce changement brusque. Un ancien directeur général des haras,

M. Gayot, favorisa le croisement alternatif entre l'Arabe
et l'Anglais. Ce système n'a pas donné de bons résultats. Il a trop aminci la race en voulant l'élever. Toutefois les fourrages ayant augmenté là comme ailleurs,
le cheval de la plaine de Tarbes, surtout, est accepté
par les remontes et par le commerce.

Considérations générales. — A plusieurs époques de notre histoire, l'État crut devoir intervenir
dans la production chevaline. Louis XIV fut cependant le premier roi qui donna de l'éclat à cette institution qu'on appelle l'administration des Haras. Napoléon Ier la trouva abolie par l'assemblée des États en
1790, et la releva. Ces deux noms seuls indiquent
quelles sortes de préoccupations avaient poussé les
deux souverains absolus à produire artificiellement un
grand nombre de chevaux. Les besoins de la guerre
furent leurs seuls mobiles.

Aujourd'hui encore, on ne saurait trouver d'autre
raison au maintien de l'administration des Haras.
Pousser l'élevage à la production du cheval de guerre
est, d'ailleurs, le but avoué du gouvernement. Il n'en
a pas d'autre. C'est assez dire que, si l'élevage du cheval, en France, était réduit aux conditions ordinaires
de toutes les industries agricoles, il cesserait de produire dans les proportions actuelles, et se restrein-
drait aux seuls besoins du commerce et de l'agriculture.

Comme on le voit, l'élevage du cheval, tel qu'il est
organisé par l'État, est absolument factice. Le jour où
la politique sera d'accord avec la marche de la civilisation, avec les aspirations des peuples, avec la situation économique, le jour où l'Europe s'apercevra que la
guerre est un contre-sens dans le siècle des chemins
de fer, du télégraphe, du libre échange et des traités
de commerce, ce jour-là, l'État n'interviendra plus

directement. L'agriculture fabriquera le cheval comme elle fait aujourd'hui des bœufs. On rentrera alors dans la logique, pour n'obéir plus qu'à la grande loi de l'offre et de la demande.

L'État intervient de deux manières dans la production : d'une façon directe par ses étalons, disséminés dans des dépôts; et indirectement par des primes en argent, décernées aux étalons approuvés par l'administration, aux poulinières et aux poulains. L'État subventionne, en outre, les écoles de dressage, instituées dans les différentes régions, distribue des primes dans des concours spéciaux de dressage et alloue annuellement une certaine somme aux sociétés de courses. Dans ces dernières années, on a tant soit peu restreint l'intervention directe, c'est-à-dire les dépôts d'étalons, pour donner plus d'extension aux encouragements indirects, c'est-à-dire aux primes de toutes sortes. C'est une bonne tendance. En agissant ainsi, on prépare l'industrie chevaline à marcher seule, c'est-à-dire à rentrer dans la loi commune.

En 1860, l'existence de l'Administration des Haras fut sérieusement menacée. Une commission d'enquête, présidée par le prince Napoléon et nommée par l'Empereur, vota cependant son maintien, mais à une très-faible majorité. Les jumenteries de l'État seules furent supprimées, et la direction des dépôts impériaux d'étalons fut confiée au général Fleury, aide de camp de l'Empereur et son grand écuyer.

Dans l'exposé de la situation de l'Empire en 1864, le ministre s'exprime ainsi : « En attendant que l'expé-rience ait prononcé sur le mérite des expérimentations actuellement en cours, l'Administration a cru qu'elle pourrait, selon l'idée qu'elle avait émise, dès 1861, dans son compte rendu de l'année, et conformément d'ailleurs aux principes qu'elle a depuis longtemps professés, accepter les offres qui lui seraient faites par des particuliers de prendre à leur compte, et avec des chevaux à eux appartenant, des stations précédemment desservies par les Haras. Cette combinaison, en laissant à l'industrie privée une plus complète expansion, dégagée des inconvénients de la concurrence redoutable de l'État, aura pour effet de permettre à l'Administration, suivant le cas, ou de diminuer avec sécurité son effectif général, ou de porter sur des points qu'elle avait dû jusque-là déserter, faute de ressources, des forces devenues disponibles. Il est bien entendu que ces concessions de stations n'ont été ou ne seront consenties qu'autant que les reproducteurs privés auront été reconnus, après un sévère examen, dignes de remplacer ceux de l'État, aussi bien sous le rapport des qualités que par leur appropriation aux juments des contrées qu'ils doivent desservir : c'est ainsi que les choses se sont passées dans le Nord, l'Aisne, la Moselle et la Meuse. »

En 1868, le *Livre Bleu* dit : « L'industrie étalonnière privée continue de prêter son concours à l'Administration des Haras, en mettant au service de la production un bon choix d'étalons de pur sang et de demi-sang. Cette année, sans doute à cause de la cherté des fourrages, le nombre des chevaux de ces deux espèces présentés à l'approbation a quelque peu diminué : il n'a été que de 855, entre lesquels s'est partagé un crédit de 460,000 francs, soit une moyenne de 540 francs environ. Par contre, celui des autorisés s'est accru de quelques têtes.

« Pour être placé sur une échelle moins élevée dans l'ordre de la production, le cheval de trait ne participe pas moins aux encouragements de l'État. Sa part d'allocation a été, en 1868, pour les sujets d'élite, de 47,500 francs, ce qui porte la somme des primes allouées aux trois espèces à 507,500 francs, chiffre égal à celui de 1867.

« Les concours de poulinières sont toujours suivis avec activité, notamment dans les pays de production et d'élevage, c'est-à-dire là où l'Administration des Haras a cru pouvoir le plus rationnellement et avec le plus d'avantages concentrer ses allocations. Sur les autres points moins favorisés à cet égard, l'action de l'État est remplacée par celle des départements, et tous les intérêts se trouvent ainsi sauvegardés.

« L'institution des Écoles de dressage s'affermit chaque année davantage dans le pays. Le nombre de ces établissements ne s'est pas augmenté en 1868, parce que l'Administration n'a pu subventionner de nouvelles créations ; mais le nombre de chevaux ayant passé par les Écoles n'en a pas moins été plus considérable. Le recrutement pour les besoins du commerce a donc été plus facile, et le chiffre des transactions qui ont eu lieu au Palais de l'Industrie, lors du concours tenu au mois d'avril dernier (475,000 francs pour 173 chevaux vendus), témoigne des ressources que ce nouveau débouché a créées au profit de nos éleveurs. En 1867, il y avait 340 compétiteurs ; cette année, il a été reçu 441 inscriptions, et une somme de 61,800 francs a été distribuée en prix. » L'encouragement voté en 1865 pour les Écoles de dressage se montait à 190.000 francs.

L'effectif des dépôts d'étalons est actuellement de onze cents chevaux. Leur prix d'achat varie de 4,500 à 5,000 francs par tête, et leur entretien ressort à 3,000 francs.

Les courses de chevaux ont pris, en France, une telle extension, elles sont devenues si populaires dans ces dernières années, qu'il n'est point inutile de s'y arrêter ici quelques instants. La principale cause de leur popularité à Paris, c'est la fondation d'une lutte entre les produits de la France et ceux de l'Angleterre, où l'élevage français est représenté, à son tour, chaque année et le plus souvent avec des succès brillants. Les autres États de l'Europe sont aussi conviés à disputer le *grand prix international de Paris*, mais ils sont, sous ce rapport, dans une situation inférieure à celle de l'Angleterre et à la nôtre.

Examinons donc l'origine et le but des courses.

Les courses. — Les courses ne sont pas, comme on pourrait le croire, d'invention récente. Elles ont été pratiquées par toutes les nations soucieuses de l'amélioration de leurs races chevalines. La Grèce avait dans l'antiquité ses courses de chars, Rome ses courses de chevaux libres, et les peuples de l'Orient ont de tout temps soumis leurs coursiers à la lutte. On peut même dire que les courses, telles qu'elles ont été instituées par les Anglais au siècle précédent, et depuis par nous, ne sont que le développement de l'idée orientale sur cette matière. La préparation que nous faisons subir à nos chevaux avant de les faire paraître en public sur l'hippodrome a toujours été pratiquée par les Arabes eux-mêmes. Il y a seulement cette différence, qu'en Orient, tous les chevaux sont soumis dès l'âge de trois ans à ce dressage, tandis qu'en Europe nous n'y mettons que ceux destinés aux luttes de l'hippodrome. Le coursier arabe est toujours prêt à affronter toutes les fatigues ; c'est le résultat d'un autre état social, de la vie nomade et belliqueuse des peuples de l'Orient.

Ce n'est point ici le lieu de montrer quelles sont au juste les pratiques de ce que l'on appelle, en langage technique, l'entraînement.

Étendre, jusqu'à leurs limites extrêmes, les forces de l'animal : tel est le but de l'entraînement. On y parvient par une nourriture plus succulente qu'abondante, distribuée sous le plus petit volume possible et par un exercice régulier et progressif. Cette gymnastique fonctionnelle a pour résultat de développer les facultés respiratoires et la puissance musculaire de l'animal. Cela dit, voyons quel est le but de l'institution des courses, devenue maintenant populaire dans nos principaux centres d'élevage.

Non-seulement les prix de courses sont un puissant moyen d'encouragement, une forme nouvelle de la prime, mais elles sont encore le seul moyen de s'assurer du mérite des reproducteurs, de déterminer la valeur relative et la valeur absolue des chevaux appelés à perpétuer la race.

Les courses, et le régime qui les précède, ayant concouru à la création de la race anglaise, dite de pur sang, l'ayant pour ainsi dire faite ce qu'elle est, il était tout naturel qu'elles devinssent le *criterium* constant de ses mérites.

De même que c'est par le labourage qu'on perpétue, chez l'espèce bovine et chez les races chevalines de gros trait, l'aptitude au travail; c'est aussi par l'exercice de ses plus hautes facultés, par l'usage de la lutte que l'on conserve chez la race de pur sang les qualités qui la distinguent. Il devient, dès lors, évident que les chevaux qui ont triomphé de leurs rivaux, en remportant le plus grand nombre de prix, sont ceux qui ont fait preuve de plus de fond, de plus de résistance, de plus d'haleine, de plus de vitesse. Et comme ces avantages ne peuvent appartenir qu'aux animaux doués d'appareils respiratoires et musculaires excellents, d'une charpente osseuse solide, puisque toute la machine a été mise à de nombreuses épreuves, il en en résulte que le meilleur cheval de la race est le meilleur coureur.

Et maintenant ne devient-il pas logique, indispen-

sable pour perpétuer la race de pur sang, pour lui
assurer l'héritage de ses qualités, de choisir les reproducteurs mâles et femelles qui, pendant leur carrière,
ont porté au plus haut degré le mérite de la race elle-
même. Cette nécessité est si bien sentie par l'éleveur
que le prix des services des étalons est toujours proportionné à la gloire qu'ils se sont acquise sur l'hippodrome. Et c'est aussi le nombre de leurs victoires,
qui déterminent, én partie, le prix de leur vente. A
ces états de services individuels, à la beauté des formes,
vient se joindre aussi le mérite des ascendants pa-
ternels et maternels qui, dans une race constituée de
la sorte, doit avoir une grande importance. C'est ainsi
que le prix de la vente peut varier de mille à cinquante
mille francs, et même davantage pour des étalons dont
l'apparence est à peu près la même.

Telles sont donc les conditions requises chez un reproducteur de pur sang, appelé à perpétuer sa race.

Afin qu'aucun élément étranger ne puisse s'introduire dans la famille, on a constitué, à l'origine, en
Angleterre, un livre (*studt-book*) où la filiation de ses
membres est exactement établie. On y a joint, naturellement, la mention des victoires (*pedigree*) rem-
portées par chacun d'eux. Cet exemple a été suivi
dans tous les pays d'Europe où la race de pur sang
joue un rôle dans la production. De là, l'impossibilité
de se méprendre et sur la pureté de race des individus
et sur leur carrière comme chevaux de course.

Les personnes qui n'ont pas étudié la question
sont souvent portées à croire que les chevaux de course
sont délicats à cause des soins infinis dont on les en-
toure. Leur erreur est grande. Ces animaux sont certes
habitués à une nourriture substantielle et choisie, mais
leur constitution n'en est devenue que plus robuste.
L'habitude qu'on a prise de les couvrir à l'écurie, usage

pratiqué, d'ailleurs, pour tous les chevaux de luxe, afin de leur conserver un poil plus brillant et plus court dans la mauvaise saison, ne les rend pas plus frileux. Que l'on considère les poulinières dans les pâturages, cependant humides, de la Normandie, où elles passent la fin de leur vie, été comme hiver, et l'on verra qu'elles y jouissent d'une parfaite santé. Du reste les poulains destinés aux courses restent dans l'herbage jusqu'à l'âge de dix-huit mois, époque à laquelle ils passent dans les écuries d'entraînement. Ici, il faut ajouter que, là même, l'air leur est largement mesuré, et qu'il n'est point d'écuries, de fermes mieux aérées que les *boxes*, sortes d'écuries où les chevaux de courses vivent en liberté.

Il existe encore parmi les ignorants dans la matière un préjugé qu'il faut dissiper.

Ils disent : un cheval qui ne court que pendant quelques minutes, parcourant en moyenne quatre ou huit kilomètres, ne doit pas être susceptible d'un autre service, de longues routes, en un mot.

Ceux qui pensent ainsi ignorent que, pour résister aux travaux de l'hippodrome, le cheval a besoin, au contraire, du maximum de ses forces, élevées à leur plus haute puissance. Ils ignorent qu'un vainqueur habituel des courses de six ou huit mille mètres, sortirait également triomphant d'une plus longue épreuve ; que l'expérience en a été faite bien des fois.

Pour un long parcours le cheval de pur sang n'a point de rivaux en Europe. Le cheval d'Orient, lui-même, n'a pu le vaincre dans les divers essais tentés dernièrement encore. Monté ou attelé à une voiture, dont le poids est en rapport avec le sien, il vaincra tous les chevaux possibles. Plus la distance sera longue, plus les chances du cheval de pur sang augmenteront. Et s'il est possible qu'un cheval non de pur sang à quelque race qu'il appartienne, puisse battre un cheval dit de pur sang, dans une course de cinq cents à mille mètres, la chose s'est vue, le premier ne battra jamais le second sur un parcours de quatre lieues et au delà.

Ces faits sont maintenant avérés et désormais irrécusables.

Il est bien entendu que je ne veux parler ici que de courses faites au galop. Les *steeple-chases* et les courses au trot sont d'excellents exercices, une gymnastique recommandable assurément pour développer telle ou telle aptitude, mais on ne peut considérer ces épreuves comme un *criterium* régulier de la valeur absolue des reproducteurs.

Les dépôts de remonte. — Tant que la guerre régnera entre les nations, tant que la politique de la conquête sera préférée par les gouvernements de l'Europe à la politique économique, la remonte de la cavalerie devra être considérée comme une des institutions hippiques du pays.

Cependant, comme, en matière commerciale, une loi générale, celle de l'offre et de la demande, régit les productions, il est souvent advenu que l'élevage se plaignait de l'administration des remontes. On a donc vu certains pays, ne trouvant point avantage à produire le cheval de troupe, s'adonner à l'élevage du mulet ou du cheval de gros trait. Les primes, les encouragements n'ont pu, alors, réagir contre cette force irrésistible qui entraîne le producteur à chercher le bénéfice.

Où il n'y a pas de débouché certain, la production cesse; c'est une nécessité commerciale.

Dans l'état actuel des choses, les remontes de l'armée sont basées sur le pied de paix, il en résulte que, quoi que fasse l'État, il en sera toujours réduit à faire appel aux chevaux étrangers, au moindre bruit de guerre. Peut-être y aurait-il mieux à faire que de persévérer dans un système aussi onéreux au pays tout entier, financièrement parlant, que peu profitable à l'éleveur. Mais il n'entre point dans mes vues d'examiner ici les moyens plus propres à satisfaire l'intérêt général.

J'espère avoir montré, aussi clairement qu'il est possible dans un cadre aussi restreint, la situation de nos races légères. Il me reste à faire connaître nos richesses en chevaux de gros trait et en mulets.

RACES DE TRAIT

Le rôle du cheval de trait, dans l'agriculture, est considérable. Il est, comme laboureur, l'émule du bœuf, auquel il dispute le terrain sur une grande partie du territoire français. S'il coûte plus d'entretien que le bœuf, si sa valeur à la fin d'une longue carrière est presque nulle comparée à celle du bœuf, malgré la tendance actuelle à l'hippophagie, il faut dire qu'il est plus actif que le dernier et plus propre aux longs transports sur les routes. J'ajouterai encore que, dans les pays d'élevage, la jument donne, en moyenne, tous les deux ans, un poulain dont la vente réduit sensiblement les frais de labour.

Les caractères distinctifs entre les races de trait et les races légères, sont : le poids, la masse, plus considérable chez les premières que chez les secondes, le développement de la charpente osseuse, le volume des membres, l'abondance des crins et l'épaisseur de la peau.

Plusieurs zootechniciens, d'accord en cela avec les hippologues et l'homme de cheval en général, désignent les races de trait sous le nom de chevaux communs, par opposition avec ce qu'ils nomment les chevaux fins. Scientifiquement parlant, ces expressions n'ont aucun sens ; et c'est la raison pour laquelle je rejette cette classification. En outre, cette épithète de race commune ne me semble pas justifiée. Deux de nos races de trait les plus célèbres ont, au contraire, une noblesse que l'étalon possède au même degré que n'importe quel autre reproducteur des races légères. Il y a, dans le Percheron, notamment, une fierté d'attitude, un port de tête qui le rapproche de l'Arabe. Soumis au même traitement que lui, son poil devient doux et luisant à l'œil ; ses crins s'assouplissent sous la main du palefrenier.

Le cheval de trait avec ses formes athlétiques, sa vigoureuse constitution, son ardeur au travail, a donc sa beauté, comme les autres membres de l'espèce, non pas une beauté technique, une beauté à lui propre, mais une beauté absolue, plastique, je dirais.

On peut diviser les races de trait en chevaux de gros trait et en chevaux de trait léger.

Cheval de trait léger. — Le cheval de trait léger se recrute dans toutes les races de trait, et principalement dans les races percheronne, boulonnaise et bretonne. Appelé au service bien restreint aujourd'hui, de la poste, au transport des voyageurs sur la voie de terre, et aussi à la remonte de l'artillerie, il est choisi parmi les individus les plus petits et les plus légers de ces différentes races. L'établissement des chemins de fer n'a pas nui à sa production, bien au contraire ; le nombre, toujours croissant, des omnibus à Paris et dans les villes de province s'augmentant sans cesse, l'accroît encore chaque année.

La conformation du cheval de trait léger doit être celle du carrossier, avec cette différence que, destiné à transporter aux allures rapides de lourdes charges, le premier exige plus de force, si ce n'est plus d'énergie et plus de poids, surtout dans l'avant-main, que le second.

Certains hippologues ont conseillé de rechercher la réalisation de ces qualités dans le croisement de nos races de trait avec le cheval de pur sang anglais, ou avec ses métis. Ils sont tombés là dans une faute dont les conséquences seraient funestes à nos races de trait, si les éleveurs les suivaient dans cette voie, où l'administration des Haras les pousse de son côté. Nos chevaux de trait léger nous sont enviés par toute l'Europe qui n'a pas les pareils ; ils font l'objet d'un commerce d'exportation assez important, et ce serait compromettre gravement les intérêts de l'élevage que de toucher aux races qui les produisent.

On a prétendu que les chevaux gris étaient sujets à certaines maladies, et enfin, la mode les bannissant des attelages de la poste impériale, on en est arrivé à rechercher les reproducteurs de couleurs foncées. C'est encore là une erreur et une faute dont il faut se garer. En voici la raison : c'est que nos meilleures races de trait étant de robe grise, les étalonniers se trouvent forcés de chercher dans les races inférieures du Nord et dans les Anglo-Normands les reproducteurs bais ou noirs, les plus propres à favoriser la nouvelle mode. Il résulterait de ce croisement, si on le pratiquait sur une trop vaste échelle, un abâtardissement de nos races bretonne, percheronne et boulonnaise, dont la prospérité intéresse si vivement l'agriculture française.

L'éleveur devant toujours choisir ses reproducteurs dans les sujets présentant, au plus haut degré, les caractères constitutifs de la race, bannira donc soigneusement les étalons de couleur foncée, pour perpétuer les races mentionnées plus haut.

Ici l'amélioration ne peut se faire que par la sélection, c'est-à-dire par le choix des meilleurs sujets dans la race elle-même.

Cheval de gros trait. — Il n'y a pas lieu de faire ici la description des beautés absolues du cheval de gros trait ; on verra ce qu'il doit être en lisant le chapitre consacré à la race boulonnaise, qui en offre le type le plus accompli. Il suffira de dire que la force, portée à sa plus haute puissance, doit être le principal attribut du cheval de gros trait.

Dans la production de ce colosse de l'espèce, la France tient le premier rang. Aucun autre pays ne saurait lui enlever cette suprématie. Aussi n'en est-il pas un, en Europe, qui n'ait porté et qui ne continue à importer, chez lui, quelque échantillon de nos races boulonnaise ou percheronne. L'Angleterre, la Russie, l'Allemagne, principalement, envoient, chaque année, leurs agents aux foires de Chartres, et contribuent, par leurs achats, à la prospérité du commerce des chevaux de trait.

L'industrie privée, seule, a fait nos races de trait ce qu'elles sont aujourd'hui. L'État n'a rien dépensé pour créer leur situation florissante. C'est à peine si les Haras distribuent quelques primes bien minimes aux éleveurs de ces races. Dans le passé, l'administration, qui comptait un très-petit nombre d'étalons de gros trait dans ses établissements, n'en possède plus aujourd'hui. Sollicitée par un commerce actif, par une consommation incessante, la production du cheval de trait ne peut se ralentir. Pour qu'elle continue à donner de gros bénéfices, pour qu'elle les augmente encore, cette production doit s'améliorer sans cesse. Un choix de plus en plus sévère dans les reproducteurs, une bonne nourriture, jointe au travail proportionné aux forces des jeunes chevaux : tels sont les moyens infaillibles d'amélioration, tels sont les sûrs garants des bénéfices croissants que l'élevage est en droit d'attendre.

Dans ce genre d'industrie, après la France vient le Royaume-Uni, dont les énormes chevaux bais ou noirs de la Clydesdale, en Écosse, originaires des Flandres, et les alezans du Suffolk sont surtout célèbres. La première de ces races, la plus massive de toutes les races chevalines connues, fournit les chevaux des lourds transports, ceux des houillères, des brasseries et des docks. La seconde n'est guère employée que par l'agriculture. Toutes deux sont plus lymphatiques que nos races de trait, et aucune d'elles ne présente cette vigueur, cette énergie, cette légèreté dans les formes qui permet à nos Bretons, à nos Percherons de courir la poste, en traînant des charges considérables. En un mot, ce ne sont point, en Angleterre, les races de trait qui fournissent aux transports accélérés des marchandises, aux compagnies de voitures publiques, telles que les omnibus de Londres, par exemple.

Au point de vue de l'énergie et de la force motrice, seulement, nos races de trait l'emportent à ce point sur celles de nos voisins, qu'en Angleterre on n'exige d'un cheval qu'une traction de 2,000 livres. A Paris, les moellonneurs doivent traîner jusqu'à 5,000 livres et plus.

On conçoit aisément combien il serait fâcheux d'introduire dans nos races de trait un élément étranger, et combien il importe de les conserver à leur état de pureté. Elles sont la perfection zootechnique même, eu égard aux services qu'elles sont appelées à rendre.

Du type général, je passe à la description de chacune de nos races de trait, en commençant par celle du Nord.

Race flamande. — Aucune autre race française n'atteint une taille aussi élevée que celle des Flandres ; on voit souvent des Flamands de 1^m,80.

La tête est longue et étroite, l'œil petit, l'oreille longue et négligée ; l'encolure courte ainsi que l'épaule ; le garrot bas ; la côte plate ; la croupe double et avalée. Les membres sont forts et garnis de crins grossiers ; les pieds larges et plats, résultat des pâturages humides.

La race flamande est d'un tempérament lymphatique, trouvant sa principale force dans le poids énorme de son corps. Les chevaux des environs de Bourbourg sont considérés, à juste titre, comme les meilleurs de la race. C'est la conséquence d'un agriculture plus soignée. Les couleurs foncées dominent dans la race, le bai l'emportant sur les autres robes.

Les chevaux picards appartiennent à la race flamande, et c'est à tort que l'on veut en faire une race à part.

La race boulonnaise. — Le type du cheval boulonnais est tout autre. La tête assez courte, l'œil ouvert, le front large, le chanfrein droit, la ganache forte, l'oreille courte, la bouche petite, l'encolure forte et rouée ; la crinière si épaisse, qu'elle se sépare pour retomber des deux côtés de l'encolure ; le poitrail large et très-proéminent, le garrot noyé dans les muscles, l'épaule oblique, le dos un peu bas ; le rein creux et large, la croupe ronde et double, la

Fig. 4. — Cheval boulonnais.

queue attachée bas, touffue et ondulée. Les membres
sont forts, les articulations solides, et les pieds excellents.

La taille du Boulonnais dépasse rarement 1^m,66 ; il
est toujours ce qu'on appelle « près de terre ».

Bien que chez lui sa robe varie beaucoup, la couleur
grise domine cependant. Le Boulonnais est doué
d'une grande vigueur qui n'a d'égale que la douceur
de son caractère. Il faisait jadis, avant l'établissement
du chemin de fer de Boulogne à Paris, l'admiration
des Anglais en emportant nos lourdes diligences à raison de quatre lieues à l'heure.

Les transports de poissons de mer s'opéraient avec
des relais de juments, célèbres sous le nom de *ma-
reyeuses*. Dans des temps plus reculés, la race boulonnaise était employée à de plus nobles travaux. Les
Boulonnais avaient de la réputation comme chevaux
de tournois et de guerre. Henri IV les appréciait pour
son service personnel. On conçoit aisément que le
poids du cavalier, couvert de lourdes armures, néces-
sitait des chevaux plus lourds et plus étoffés que ceux
qu'emploie la cavalerie d'aujourd'hui. Jusqu'à la révo-
lution de 1789, la cavalerie de réserve se remontait,
en partie, dans le Boulonnais.

Le principal centre de production est dans le département du Pas-de-Calais et principalement dans
l'arrondissement de Boulogne ; de là le nom de race
boulonnaise. Les poulains se répandent dans d'autres
départements, dans la Somme, dans l'Aisne, dans
l'Oise, dans Seine-et-Marne, dans la Seine-Inférieure
et jusque dans le pays Chartrain. Ils y sont, à l'âge de
deux, trois et quatre ans, les auxiliaires du cultivateur ;
sous l'influence d'une riche alimentation, ils deviennent des laboureurs infatigables pour passer ensuite,
par l'entremise d'un commerce spécial, entre les

mains de l'industrie parisienne. Bien qu'on les rencontre traînant parfois les omnibus, ils sont plus spécialement employés par le camionage des marchandises.

La race boulonnaise fournit un exemple merveilleux des bons effets de la division du travail. Nous le verrons se reproduire tout à l'heure à propos de la race percheronne.

Race ardennaise. — La race ardennaise a subi bien des modifications depuis le temps où les moines de Saint-Hubert l'avaient rendue célèbre. On suppose qu'elle doit son origine aux chevaux ramenés d'Orient par les croisés, et que, plus tard, au seizième et au dix-septième siècle, lors de l'occupation des Ardennes par les Espagnols, elle fut encore améliorée par les chevaux arabes. Ce qui est certain, c'est qu'au temps de Turenne la cavalerie trouvait de grandes ressources dans les Ardennes.

Depuis, le caractère de la race s'est beaucoup modifié à la suite du croisement avec les étalons flamands, d'abord, et ensuite avec le cheval percheron. L'administration des Haras a aussi, là, essayé d'importer le demi-sang normand. Mais cette tentative n'a pas réussi, et on l'a abandonnée en supprimant le dépôt de Charleville.

Les éleveurs sont donc livrés à eux-mêmes. Leur intérêt saura les guider dans le chemin à suivre. Je ne vois guère que deux types susceptibles d'améliorer leur race au point de vue de la remonte de l'artillerie, tout en conservant l'aptitude au trait, au labourage. Ce sont ou les chevaux trotteurs du Norfolk, ou les étalons russes d'Orloff. Mais comment se les procurer ? Tous deux sont rares et, par conséquent, assez chers, relativement aux chevaux du pays.

Le mieux est donc de s'en tenir à la sélection dans la race elle-même.

La population chevaline ardennaise est d'ailleurs assez peu nombreuse, ne donnant lieu qu'à un commerce restreint. Cependant l'artillerie y trouve de bons serviteurs. L'Ardennais est de taille moyenne et doué d'un tempérament rustique. Sa tête est courte, son front large, son chanfrein creux, son encolure épaisse et courte, sa croupe avalée. Ses hanches sont saillantes et ses membres solides, quoiqu'un peu grêles. Les meilleurs Ardennais se trouvent dans les arrondissements de Rethel et de Vouziers.

Race bretonne. — Aucun autre pays de France ne produit autant de chevaux que la Bretagne. Aucun autre ne présente une population chevaline aussi variée. Tout à l'heure nous avons rencontré ces infatigables bidets connus de tous les voyageurs, les carrossiers, les chevaux de grosse cavalerie dans les environs de Saint-Brieuc et de Lamballe. Maintenant nous allons parcourir le pays de Lannion jusqu'à Lamballe et Plaucoët.

Le cheval de trait se trouve sur tout le littoral du Nord, mais les arrondissements de Brest et de Morlaix peuvent être considérés comme les principaux centres de production, voire même comme le berceau de la race.

Voici la description qu'en donne M. Gayot :

« Taille de 1^m,50 à 1^m,64 ; race variant du bai au gris clair, légèrement pommelé, avec toutes les nuances que peut présenter la combinaison de ces couleurs entre elles, la tête forte, lourde, plate, souvent camuse, les yeux grands, l'arcade orbitaire très-saillante, les joues grosses et charnues, la ganache prononcée, l'encolure épaisse, chargée d'une double crinière, l'épaule volumineuse et droite, le corps arrondi, le rein court et large, la croupe musculaire, courte, large, double et avalée, la queue forte et touffue, attachée bas, les membres puissants dans les parties supérieures, et notamment dans le jarret, mais défectueux dans les tendons, qui ne sont ni assez gros ni assez détachés, les paturons courts et garnis de longs poils, le pied grand et évasé, le tempérament énergique, résistant aux plus rudes épreuves. Plus petit vers Morlaix, le cheval est plus grand vers Saint-Pol de Léon. »

Le cheval de trait breton fait l'objet d'un commerce considérable dans toute la France. C'était avant les chemins de fer un cheval de poste excellent ; aujourd'hui les messageries et les omnibus de Paris le recherchent à l'envi à cause de son naturel doux, de sa robuste constitution et de sa résistance au travail. Ses allures sont plutôt courtes ; il trotte du genou, mais il a du fond. Le plus grand défaut de la race est sa propension à la fluxion périodique, très-fréquente dans les Côtes-du-Nord.

Le conseil que j'ai donné aux éleveurs de nos races de gros trait, en général, s'applique particulièrement au cheval breton. Le mieux qu'on puisse faire, c'est de le préserver de tout croisement avec une race étrangère, fût-elle la plus rapprochée de son type. I serait très-dangereux de vouloir modifier le Breton dans un sens ou dans un autre. L'amélioration doit se faire graduellement par la sélection, par le travail et par une meilleure nourriture. Il reste d'ailleurs peu de progrès à faire.

Race poitevine. — Je ne ferai que mentionner, à cette place, la race poitevine de trait, dite *mulassière*, parce qu'elle fournit des juments à la production des mulets poitevins dont la réputation a traversé les monts, et que j'y reviendrai tout au long dans le chapitre consacré à l'âne et au mulet.

Race comtoise. — Cette race est la seule parmi toutes nos races de trait dont la transformation soit nécessaire. Un auteur, très-opposé cependant à la doctrine du croisement, dit expressément qu'elle est destinée à disparaître par voie de croisement continu, ajoutant toutefois, avec raison, que cette transformation doit être précédée par celle de l'agriculture locale.

M. Sanson cite cette race comme un modèle de laideur. « Le type comtois, dit-il, est, en effet, un des plus dolico-céphales que nous ayons. La face très-longue, étroite, aplatie sur les côtés, avec des orbites petits et aux arcades effacées; un chanfrein droit, donnant à la tête, d'ailleurs mal portée par l'animal et dépourvue d'expression dans le regard, un cachet de lourdeur et de stupidité remarquables. L'encolure est grêle et droite, le garrot bas, le dos aplati; les reins sont longs et étroits, les hanches cornues; la croupe courte, large, est avalée, et la queue basse et touffue. Le poitrail est serré, la poitrine peu profonde et plate, et l'épaule, peu musclée, est droite ; le bras et la cuisse sont grêles, les articulations des membres faibles, les canons chargés de crins et souvent empâtés, les pieds plats et courts ont ordinairement des aplombs défectueux. La taille varie entre 1ᵐ,80 et 1ᵐ,60 ; la robe est quelquefois grise, mais le plus souvent baie. Les chevaux de cette race sont mous et lents dans leurs allures. Ils n'ont donc aucune qualité, ni de conformation ni de tempérament. »

Race percheronne. — La célébrité du cheval

E. Rouyer

Fig. 5. — Cheval percheron.

percheron est telle, qu'on ne s'étonnera pas de m'en
voir parler longuement et donner aussi la description
du pays qui le produit. Pour bien faire l'un et l'autre,
je n'ai, d'ailleurs, qu'à suivre pas à pas M. du Haÿs,
en train de refaire partiellement, aujourd'hui, le grand
et bel ouvrage, mais déjà un peu ancien, de M. Gayot :
La France chevaline.

Le Perche, d'une étendue de vingt-cinq lieues car-
rées, environ, est barré, au nord, par la Normandie,
à l'ouest, par le Maine, à l'est, par la Beauce, au sud,
par le Vendômois. Il se compose de l'arrondissement
de Mortagne (Orne), de l'arrondissement de Nogent-
le-Rotrou, d'une fraction de ceux de Chartres, de
Dreux et de Châteaudun (Eure-et-Loire), du côté ouest
de l'arrondissement de Vendôme (Loir-et-Cher), d'une
partie des arrondissements de Mamers et de Saint-Calais (Sarthe).

Montueux, coupé par une infinité de ruisseaux et
par dix rivières, ce pays de vallées est favorable aux
prairies naturelles. Cependant elles cèdent le pas, dans
beaucoup d'endroits, aux prairies artificielles, au sainfoin, au trèfle soigneusement marné. Les fermes d'une
médiocre étendue sont bien cultivées et les champs en-
tourés de haies vives. Le sol est argileux et le sous-sol
calcaire, de formation secondaire. Les parties hautes
sont siliceuses.

« L'éleveur percheron, dit M. du Haÿs, est d'une
douceur qui ne se dément jamais, il connaît toute l'importance des soins sur la race qu'il élève, et cependant,
il faut le dire, sauf la douceur avec laquelle il la traite,
il a vécu près d'elle au jour le jour, et n'a presque rien
fait pour la conserver dans sa beauté et l'améliorer.
La nature, le temps et le climat ont tout fait. Le climat du Perche est éminemment favorable à l'éducation du cheval. Sous son influence, l'eau y est to-

nique, les végétaux y sont substantiels, l'air y est pur, vif et plus sec que celui de la Normandie. »

C'est au milieu de ces circonstances favorables que naît le cheval percheron, dont voici la caractéristique :

Tête longue à crâne large; front légèrement bombé, oreille longue et fine, œil grand, vif et expressif, chanfrein étroit et busqué à l'extrémité ; naseaux ouverts et mobiles; lèvres épaisses, bouche grande ; encolure forte de l'attache à la naissance, crinière fine ; garrot saillant et épais; épaule longue et oblique, poitrine profonde et charnue, poitrail ouvert; hanches saillantes, croupe horizontale; cuisses bien musclées; queue attachée haut; canons un peu longs, articulations fortes; pied excellent.

Taille de 1ᵐ,50 à 1ᵐ,60 ; tempérament sanguin ; couleur uniformément grise ; homogénéité frappante dans l'ensemble de la production percheronne.

Bien que la Bretagne et le Boulonnais envoient un grand nombre de leurs poulains dans le Perche, où, en somme, on élève plus qu'on ne fait naître, il y a cependant certaines parties du territoire où la race est plus ou moins forte.

Le Percheron léger se trouve surtout dans la partie normande, dans l'arrondissement de Mortagne, aux environs de Courtomer, de Monluise-la-Marche, de Mesle-sur-Sarthe, et notamment dans les communes de la Messuire, de Bures et de Champeaux-sur-Sarthe.

Si l'on va de Nogent-le-Rotrou à Montdoubleau, et que l'on suive la limite du Perche-Manceau, par Saint-Calais, Vibraye, la Ferté-Bernard, Saint-Cosme et Mamers, on parcourt le berceau du gros cheval de trait. Là, se trouvent les fortes poulinières.

Au centre du Perche, le fermier élève le produit des

contrées voisines et du dehors. C'est là qu'on rencontre aussi les poulains achetés à six mois dans le département de la Mayenne.

On est peu d'accord sur l'origine du Percheron, et, malgré les recherches auxquelles se sont livrés les hippologues, il est impossible de rien affirmer. M. du Haÿs, et quelques autres, le tiennent pour un Arabe grossi par le climat, par la nourriture et par la rusticité des services auxquels on l'emploie depuis des siècles. Cet auteur s'appuie sur l'introduction d'une partie de la cavalerie sarrasine, laissée, par Abdérame vaincu, dans les plaines de Vouillé, sur celle des étalons ramenés par les croisés du Perche. Il cite le seigneur de Montdoubleau et de Rotrou, comte du Perche, qui revint de Palestine avec plusieurs étalons orientaux, dont il conserva précieusement la race, disent les chroniques. Et cet exemple fut imité par bien d'autres seigneurs.

M. Sanson combat cette opinion, en alléguant les différences du type crânien et le nombre des vertèbres lombaires, au nombre de cinq seulement chez le type arabe.

Je ne chercherai pas à trancher cette question, plus intéressante pour la zoologie pure que pour la zootechnie proprement dite ; je me contenterai de dire que chez les races méridionales, toutes plus ou moins imprégnées de sang oriental, le nombre des vertèbres lombaires est de six, comme chez les races du Nord.

Il n'est pas contestable, selon moi, qu'il y ait eu, au moyen âge, alliance entre la race indigène et les Orientaux, et que ces derniers l'aient transformée dans ses caractères modifiables.

Depuis, l'élément arabe a joué, à diverses époques, un rôle important dans la production du cheval percheron. Le marquis de Briges, notamment, gouverneur du haras du Pin en 1760, mit au service des éleveurs du Perche un grand nombre d'étalons orientaux. Malheureusement, quelques années plus tard, l'influence des chevaux danois et anglais se fit aussi sentir dans ce pays, et il ne fallut rien moins que la présence longtemps prolongée, vers 1820, de deux reproducteurs arabes d'élite, tous deux gris, pour réparer le mal, et constituer définitivement le type que nous admirons aujourd'hui.

L'élevage, ici comme en Bretagne, donne une idée parfaite des bienfaits de la division du travail. Voici comment fonctionne l'industrie chevaline dans le Perche.

Une partie de la province élève ce que l'autre fait naître. Chaque printemps, la jument est saillie ; si elle se montre stérile plusieurs années de suite, elle est vendue au commerce. Elle travaille sans cesse, avant comme après la mise bas ; c'est à peine si, à ce moment, on lui accorde quelques jours de repos. Dans certaines contrées, dans le bas Maine, par exemple, le poulain suit sa mère au champ ; dans d'autres, il reste à l'écurie, ne la voit qu'à midi et pendant la nuit. Voilà donc la nourriture de la jument payée par le travail, et son poulain établissant le bénéfice.

Le travail est extrêmement favorable à la poulinière ; j'ai pu expérimenter moi-même que la délivrance des mères se faisait toujours plus facilement, lorsqu'on les laissait à la charrue jusqu'au dernier jour. On doit éviter seulement de les mettre dans les brancards de la charrette, dont les contre-coups pourraient blesser le poulain dans le ventre de sa mère.

A cinq ou six mois, le produit est sevré et vendu. Si c'est un mâle, son prix varie de 150 à 400 francs et même plus, exceptionnellement. Jusqu'ici, il n'a rien coûté.

Les pays d'élevage remontent leurs écuries à deux sources. La première, c'est la zone méridionale, aux environs de Montdoubleau et de Châteaudun. Là, les juments sont en grande réputation; aussi le fermier vend-il souvent ses produits sur place aux éleveurs, ses voisins. La seconde source est alimentée par les bandes de poulains, aux foires du bas Maine, de Conlie, de Saint-André, de Mortagne.

Le sevrage s'opère très-facilement chez ces rustiques animaux; les voyages en bandes, qui seraient mortels pour d'autres races, se font, sans danger, pour le poulain percheron. Arrivé chez l'éleveur, on lui donne un « barbotage » à la farine ou au son tout simplement, du foin ou du regain, coupé avec de la paille d'avoine. Quelques-uns sont bien atteints de la gourme; mais ils s'en guérissent vite. L'été venu, l'air des champs et la nourriture verte les rendent à la santé.

Jusqu'à l'âge de 15 à 18 mois, il ne reçoit pas de grain. Nourri au foin de trèfle pendant l'hiver, il cherche, l'été, une assez pauvre nourriture dans les champs de Maures, du Pin, de Regmalard, de Corbon, de Longuy, de Réveillon, de Courgeron, de Saint-Laugis, de Villiers, de Courgeoust, etc. Pendant ce temps, on évalue sa nourriture à 100 francs, en moyenne,

A partir de cet âge, la nourriture s'améliore, car le fermier, avec toute la douceur qui est le propre de son caractère, commence le dressage du poulain. Au labour, on le met devant les bœufs; au tombereau, on le place entre deux vieux chevaux ou on l'associe à plusieurs de ses compagnons, de façon à ce que la besogne se fasse sans fatigue pour lui. Cette seconde étape de la vie du Percheron a donc encore été productive. Grâce à une bonne nourriture et à un travail gradué et proportionné à ses forces, le jeune animal se développe si bien, qu'à trois ans, c'est déjà un cheval.

Arrive alors le fermier beauceron, qui l'achète pour en faire l'agent indispensable de ses travaux de culture. La vapeur pourrait seule lui enlever une partie de son utilité, le jour où le cultivateur de ces immenses plaines de la Beauce comprendrait qu'il doit enfin abandonner son vieil assolement triennal. Là, point de racines ; à peine quelques fourrages artificiels pour la nourriture des chevaux. Mais toujours et partout du blé ou de l'avoine, dont la plus grande partie passe dans les mangeoires de l'écurie. Aussi qu'arrive-t-il ? c'est que le rendement des céréales baisse plutôt qu'il n'augmente, et que les nombreux troupeaux de mérinos, soumis au parcours sur un terrain brûlant, sans abri et sans eau, sont décimés par la sécheresse. L'eau manque, il est vrai, pour créer des prairies permanentes, mais les labours profonds, en permettant la culture des racines et des fourrages, ne viendraient-ils pas changer heureusement les conditions désastreuses de l'agriculture et de l'élevage en Beauce ?

Voilà donc notre Percheron, soigné et nourri, presque à l'égal d'un cheval de course ! Tout en suivant prestement le sillon, il va conquérir de nouvelles forces, le *maximum* de son développement, cette énergie et cette valeur qu'on ne retrouve, au même degré, chez aucune autre race.

A cinq ans, il sera conduit à la foire de Chartres, le jour de la Saint-André. Le commerce européen s'en empare. Les plus parfaits de forme seront achetés comme étalon, les autres passeront au service des omnibus, des postes, des roulages accélérés, et de toutes les industries des grandes villes. Les prix varient de 1,000 à 1,500 francs pour les chevaux de service, et de 1,500 à 5 et 6,000 francs pour les étalons.

L'étalon percheron est presque toujours rouleur, c'est-à-dire qu'il parcourt le pays, à des époques fixes, s'arrêtant de village en village, de ferme en ferme. Il revient généralement deux ou trois fois aux mêmes lieux, du mois de janvier en juillet. Son conducteur et lui sont partout hébergés et nourris, et du mieux possible. Le prix de la saillie est de 6 à 25 francs. Quelquefois, la monte se fait « à garantie. » Dans ce cas, le prix est doublé si la jument fait un poulain mort ou vif, et nul si elle ne « retient » pas.

Le Percheron a donc passé dans quatre mains différentes, laissant à chaque étape d'heureuses traces de son passage, un produit certain, un bénéfice assuré à l'avance. Telles sont les causes de sa supériorité sur tous les autres chevaux de trait, supériorité incontestable et incontestée, supériorité reconnue d'une extrémité à l'autre de l'Europe.

En considérant la situation florissante de la race percheronne, on reste convaincu de l'intérêt qu'il y a, pour les diverses industries auxquelles sa production donne lieu, de la conserver pure de toute invasion étrangère. Les éleveurs doivent se montrer de plus en plus jaloux de lui conserver les qualités qui la distinguent de toute autre, à un si haut degré. Ils doivent également repousser l'étalon du nord de la France et l'étalon normand ou anglais, ce dernier vint-il du Norfolk, comté d'Angleterre, connu pour ses trotteurs.

Mais, par des considérations étrangères à la science et aux intérêts industriels, l'administration des Haras pousse l'élevage à choisir les étalons de robes foncées de préférence aux gris. Céder à une telle fantaisie serait fatal à la race percheronne. La couleur grise étant précisément un des caractères distinctifs de la race, il arrive que l'étalonnage, attiré par une prime, est obligé de chercher ses reproducteurs en dehors de la famille percheronne. Il introduit ainsi dans le pays des chevaux picards qui séduisent, par leur masse, l'éleveur inexpérimenté et qui troublent profondément la race, en lui apportant un élément lymphatique, détestable et pernicieux.

Une association récente, la *Société hippique du Porche et de la Beauce*, l'a compris ainsi, en cherchant à procurer aux éleveurs le type percheron, puisé à ses meilleures sources. Cet exemple sera suivi, car il y va d'intérêts agricoles majeurs et de la prospérité de nombreuses industries. La race percheronne est enviée et recherchée de l'Europe entière ; elle seule, jusqu'ici, représente dignement l'élevage du cheval français sur les marchés étrangers et dans les concours internationaux, il importe donc que chacun agisse dans la mesure de sa force, afin de lui conserver sa réputation et sa prospérité.

Quant à moi, j'ai voué à cette race paysanne une sorte d'admiration ; je lui ai consacré de nombreux articles dans la presse agricole et politique, et je ne cesserai de défendre contre toutes les attaques cette gloire agricole de la France.

L'ANE

Origine. — L'âne forme une espèce à part, et l'idée qu'il était un cheval dégénéré, assez répandue au temps de Buffon, est aujourd'hui abandonnée. Le grand écrivain naturaliste a donné maintes raisons pour détruire l'hypothèse d'une même espèce du cheval et de l'âne. Un seul argument, sur lequel il n'a pas insisté, eût cependant suffi pour établir l'existence de deux espèces bien distinctes : c'est la stéri-

lité des produits nés de l'accouplement du cheval et
de l'ânesse, et réciproquement. Ces produits prennent,
en zoologie, le nom d'hybrides. L'infécondité est le
caractère principal de l'hybridité. Toutefois on a cité
des produits d'animaux hybrides; mais le cas est rare,
et encore ces phénomènes n'ont-ils point vécu.

Il existe différentes races d'ânes, mais que l'on connaît moins, parce qu'on ne les a ni soignées ni suivies
avec attention. Toutes sont originaires des climats
chauds. L'âne paraît être venu originairement d'A-
rabie et avoir passé d'Arabie en Égypte, d'Égypte en
Grèce, de Grèce en Italie, d'Italie en France et ensuite
en Allemagne, en Angleterre, et enfin en Suède. Il
devient plus petit à mesure qu'il s'avance vers le nord.
Lors de la découverte de l'Amérique on n'y a point
trouvé d'âne.

Buffon n'a point dédaigné de consacrer son admi-
rable pinceau au souffre-douleur des valets, au jouet
des enfants. Voici le portrait qu'il en a tracé.

« Il est de son naturel aussi humble, aussi patient,
aussi tranquille que le cheval est fier, ardent, impé-
tueux, il souffre avec constance, et peut-être avec courage le châtiment et les coups; il est sobre et sur la
quantité et sur la qualité de nourriture; il se con-
tente des herbes les plus dures, les plus désagréables,
que le cheval et les autres animaux lui laissent et dé-
daignent; il est fort délicat sur l'eau, il ne veut boire
que de la plus claire et aux ruisseaux qui lui sont connus; il boit aussi sobrement qu'il mange et n'enfonce
point du tout son nez dans l'eau par la peur que lui
fait, dit-on, l'ombre de ses oreilles : comme l'on ne
prend pas la peine de l'étriller, il se roule souvent sur le
gazon, sur les chardons, sur la fougère, et, sans se sou-
cier beaucoup de ce qu'on lui fait porter, il se couche
pour se rouler, toutes les fois qu'il le peut, et semble

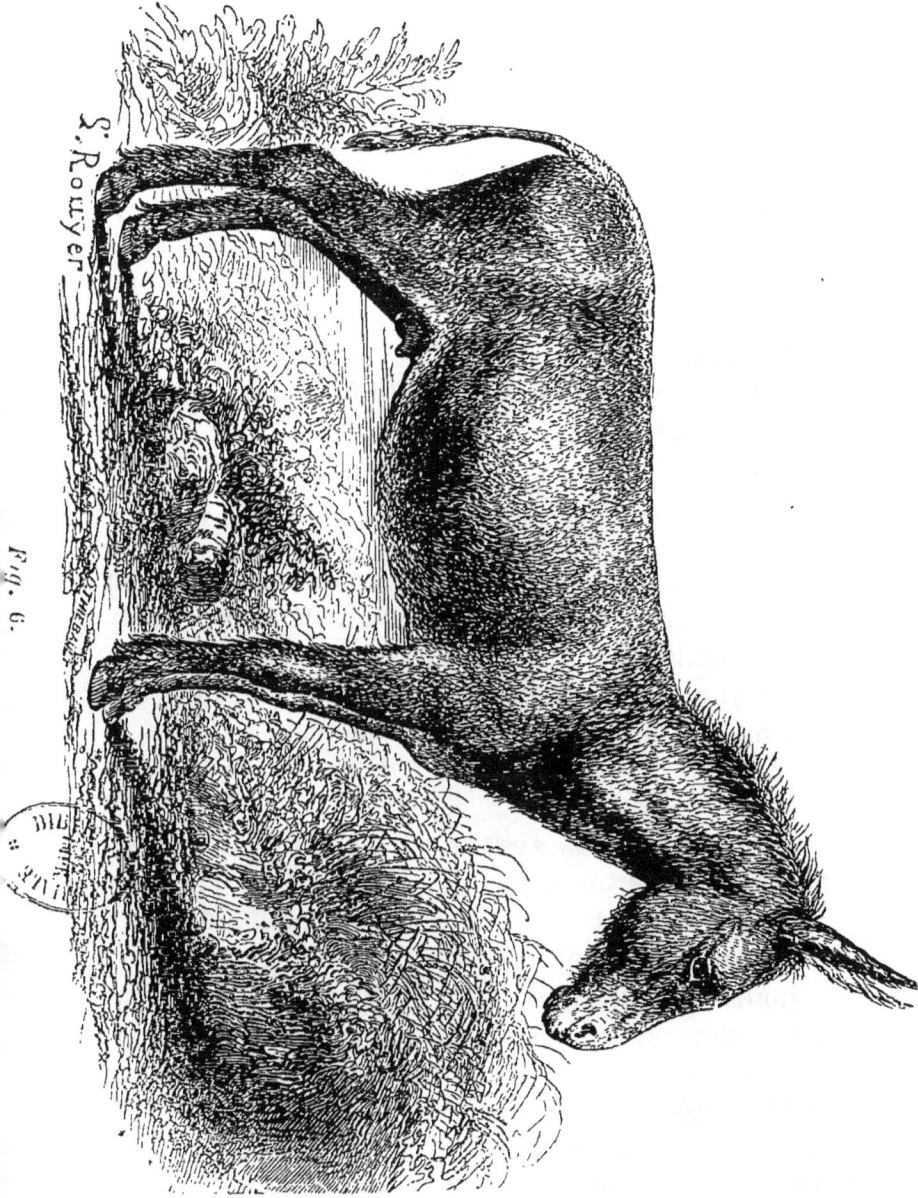

Fig. 6.

parler, reprocher à son maître le peu de soin qu'on
prend de lui ; car il ne se vautre pas, comme le cheval, dans la fange et dans l'eau, il craint même de se
mouiller les pieds, et se détourne pour éviter la boue ;
aussi a-t-il la jambe plus sèche et plus nette que le
cheval ; il est susceptible d'éducation, et l'on en a vu
d'assez bien dressés pour faire la curiosité d'un spec-
tacle.

« Dans la première jeunesse, il est gai, et même
assez joli : il a de la légèreté et de la gentillesse ; mais
il la perd bientôt, soit par l'âge, soit par les mauvais
traitements, et il devient lent, indocile et têtu ; il n'est
ardent que pour le plaisir, ou plutôt il en est furieux
au point que rien ne peut le retenir, et que l'on en a vu
s'excéder et mourir quelques instants après ; et comme
il aime avec une espèce de fureur, il a aussi pour sa
progéniture le plus fort attachement...

« Le cheval hennit, l'âne brait, ce qui se fait par un
grand cri violent, très-désagréable... De tous les animaux à poils, l'âne est celui qui est le moins sujet à
la vermine ; jamais il n'a de poux, ce qui vient ap-
paremment de la dureté et de la sécheresse de la
peau. »

Spécialités de service.—L'âne doit être considéré et comme un animal de somme, et comme un
animal de trait. Dans les pays montagneux, dans les
vignobles, par exemple, c'est lui qui porte, sur un bas,
le fumier et qui, plus tard, au moment de la ven-
dange, descendra le coteau, chargé de raisins.

Il laboure le champ de la petite propriété dont il est
le précieux auxiliaire.

Nous allons le retrouver tout à l'heure, remplissant
une fonction économique importante, en parlant de
l'industrie mulassière. Dans cette condition nouvelle

l'âne, appelé alors baudet, devient l'agent d'une production, s'exerçant surtout dans le Poitou, celle du mulet. Il devient alors, là, l'objet de soins tout particuliers, et en rapport avec les services qu'il rend.

L'INDUSTRIE MULASSIÈRE [1]

« L'industrie du Poitou, qui a pour but la production du mulet, dit M. Ayrault, est une des branches les plus importantes de la fortune agricole de la France. C'est parce qu'on ne l'a pas assez connue qu'elle a été si souvent attaquée, peu encouragée, et qu'elle eût été infailliblement anéantie, si le cultivateur ne l'avait pas soutenue avec toute l'énergie que met l'avare à défendre son trésor. »

En effet, la facilité avec laquelle le mulet s'acclimate partout, sa sobriété, sa résistance à la fatigue, en font une des espèces animales les plus précieuses. Nos mulets du Poitou nous sont enviés par le monde entier.

Quelques auteurs font remonter à Philippe V, roi d'Espagne, l'époque de l'importation de la race chevaline mulassière en Poitou et en Gascogne. Mais M. Ayrault cite des documents du seizième et même du dixième siècle, qui attestent à la fois son ancienneté et sa supériorité.

En 1717, l'intendant général des Haras, inquiet des

1. Je ne m'occuperai ici que de l'industrie mulassière telle qu'on la pratique en Poitou, me contentant de suivre pas à pas M. Ayrault, vétérinaire à Niort, qui en a fait une étude approfondie, sous ce titre : *De l'industrie mulassière en Poitou*. (Clouzon, éditeur Niort.)

progrès de l'industrie mulassière, défendit de « faire saillir par les *bourriquets* aucune cavale au-dessus de 4 pieds de l'extrémité de la crinière jusqu'à la couronne, à peine d'amende et de confiscation des bourriquets. » C'est d'ailleurs ainsi que l'État a toujours pratiqué la liberté dans la production mulassière.

Le commerce des mules a mis le Poitou en relations, non-seulement avec le midi de la France, mais encore avec l'Espagne et l'Italie. C'est, en effet, une des provinces les plus favorisées de France pour son trafic en bêtes de somme.

L'histoire de l'industrie mulassière comprend trois branches : 1° l'étude de l'espèce chevaline qui, en Poitou, est employée à cette destination ; 2° celle de l'âne ou baudet mulassier ; 3° celle du mulet, produit de l'accouplement de ces deux espèces animales

D'après une statistique de 1850, le nombre des poulinières mulassières, dans le département des Deux-Sèvres, était de 19,112. Depuis cette époque, ce nombre s'est élevé jusqu'à 23,000 juments environ.

En Vendée, on n'en compte pas moins de 7,500, suivant M. Ayrault ; et environ 10,000 dans la Vienne, et 10,000 dans les Charentes. Ce qui donne un total d'environ 50,000 juments poulinières employées à la production du mulet.

Tous les efforts du cultivateur tendent à ce but : « Avoir des juments qui, accouplées avec le baudet, donneront les meilleurs produits mulassiers. »

Quant au cheval mulassier du Poitou, quelques auteurs en attribuent l'introduction à des Hollandais, sous Henri IV. Mais rien n'est plus difficile à établir que des origines de cette nature.

Quoi qu'il en soit, l'organisation de nos chevaux du Poitou répondait admirablement aux conditions de leur existence au milieu des marais : queue et crinière épaisses, pieds larges, encolure allongée, organes digestifs dilatés par une nourriture abondante, poumons développés par une respiration énergique : tempérament éminemment lymphatique.

Ce type ancien, toujours le plus recherché, tend cependant à disparaître. J'en indique plus loin les causes formulées déjà par M. Ayrault.

Cela posé, étudions : 1° les conditions d'hygiène des juments et l'élevage des pouliches destinées à faire des poulinières ; 2° l'hygiène des poulains.

Chaque ferme importante, en Poitou, possède de 3 à 8 juments mulassières. On les achète à vingt ou vingt-deux mois ; leur taille moyenne est de 1^m,48 à 1^m,52.

La pouliche, amenée des marais, passe d'abord l'hiver dans des étables mal aérées, où elle reçoit peu de nourriture. Le plus souvent, elle tombe malade ; mais au printemps, la gourme disparaît, l'appétit revient, et l'acclimatation est considérée comme terminée.

C'est alors que les pouliches sont livrées presque toujours trop tôt au baudet. D'un autre côté, elles sont mises au vert, jusqu'au mois de novembre, dans les herbages fins et aromatiques des plaines calcaires. Malheureusement, fécondées prématurément, elles avortent pour la plupart, à l'époque de leur rentrée à l'étable. Un tiers à peine d'entre elles mettent bas dans les conditions normales. Il en résulte un dépérissement des formes qui, joint au travail de la dentition, amène la dégénérescence de la race.

En cela, le cultivateur est surtout coupable d'ignorance ; car rien n'égale le zèle avec lequel il soigne les animaux dont il tire de si larges profits.

Durant la gestation, la jument est sévèrement rationnée : très-peu de foin, de la paille et des balles composent sa nourriture. Après le part, la nourriture

devient plus copieuse. Malheureusement, ces change-
ments brusques sont funestes à la santé des bêtes. J'a-
joute, d'après M. Ayrault, que de nombreux accidents
résultent de la mauvaise ligature du cordon ombilical.

Enfin, on a le tort de priver le poulain du premier
lait, dont les propriétés purgatives sont pourtant l'u-
nique remède aux coliques opiniâtres, souvent mor-
telles, qui affectent les poulains après leur naissance.

Diverses raisons ont fait introduire en Poitou la jument bretonne pour y servir de poulinière. « La jument
« poitevine seule est intérieurement mulassière », dit
un vieux préjugé du pays.

Grâce à sa sobriété native, la jument bretonne résiste
fort bien à la gourme et à l'hygiène d'acclimatation,
Elle conserve sa taille et même prend de l'embonpoint. Ses produits mulassiers sont petits, bien propor-
tionnés, trapus, mais manquent un peu de figure. On
les vend au sevrage.

Les plus belles mulasses proviennent de la jument du
Marais. Elle a plus d'affinité pour le baudet que les autres races. Les fermes du Marais ne comptent pas plus
de 5 à 600 poulinières mulassières. On n'y fait des chevaux, que quand les juments ne peuvent pas produire
de mules. Les haras privés possèdent 1 cheval étalon
pour 4 ou 5 baudets. Cependant, les juments qui réus-
sissent et qui commencent à vieillir, sont livrées au
cheval, afin d'en conserver la souche, l'origine. On
multiplie d'ailleurs les encouragements pour conserver les étalons de la race primitive.

L'étalon s'achète de deux à trois ans. L'accouplement commence en mars. Sevré à 8 ou 9 mois, le poulain est vendu le plus souvent pour le Marais. Dans
ces vastes prairies permanentes, au milieu d'une nourriture abondante et fine, l'animal se développe dans
toute la puissance de son organisme. Vers la fin de

juillet, la rareté de l'eau fait perdre au poulain une partie de sa vigueur. Quoi qu'il en soit, l'animal est formé. Il s'agit de le faire passer dans les écuries et les pâturages de la Gâtine, région boisée des Deux-Sèvres, coupée de vallées profondes, arrosées par d'innombrables ruisseaux.

Dès leur arrivée, les poulains sont placés dans les prairies fauchées du Bocage, jusqu'à l'époque des mauvais temps d'automne. Rentrés à l'étable, où le foin, l'avoine et le seigle leur sont donnés pour nourriture, leur tempérament se modifie pendant l'hiver, la lymphe disparaît presque complétement, et l'animal grandit en conservant la régularité de ses aplombs et l'harmonie de ses formes. Ce procédé d'élevage est excellent.

C'est dans les foires que l'on peut constater la différence hygiénique de l'élevage en Gâtine avec l'élevage dans le Marais. Tandis que les poulains provenant des Marais viennent par bandes de 10 ou 12, conduits par un seul homme, et épuisés de fatigues, par une route de 4 à 10 lieues, les poulains de la Gâtine exigent un conducteur par tête, et la route qu'ils ont faite en se cabrant, en hennissant, n'a modifié ni leur ardeur ni leur allure fière et décidée. Du Poitou, ils passent en Berry, en Beauce, dans le Perche, d'où on les rachète plus tard, pour en faire des étalons.

Les immenses travaux de dessèchement exécutés en Poitou depuis un demi-siècle ont transformé le cheval de trait du Poitou en un fort carrossier. Ce n'est point là une dégénérescence, comme on l'a cru pendant quelque temps, fait judicieusement observer M. Ayrault. La jument poitevine a conservé ses aptitudes, et, quoique plus légère que d'autres poulinières, c'est elle encore qui donne les meilleurs produits.

La dégénérescence a commencé en 1806, avec le

haras de Saint-Maixent. Croisées avec des étalons anglais et anglo-allemands, les poulinières du Poitou n'ont
produit qu'une race abâtardie. Napoléon Ier avait
prescrit de placer 30 chevaux mulassiers à Saint-
Maixent ; mais les officiers des Haras, au lieu de les
choisir dans le pays même, allèrent les recruter en
Picardie. Les résultats, paraît-il, furent déplorables.

A vrai dire, le cultivateur est en partie cause de
l'abâtardissement de la race. Il met à la ferme de
jeunes bêtes de 2 ans, qu'il nourrit mal, qu'il tient
renfermées, qu'il fait saillir prématurément , tandis
qu'elles ne devraient produire qu'à 4 ans.

Le groupe le plus important de la race mulassière
est, sans contredit, celui qui provient du sang breton
et poitevin.

Les dépôts de remonte, les courses, les commis-
sions hippiques, les sociétés d'agriculture, les étalons autorisés, tendent à relever l'industrie mulassière par des encouragements de diverse nature : « La
race poitevine mulassière, disait en 1862 M. le général
Fleury, fait la fortune d'une des plus riches provinces de
France et doit être particulièrement encouragée. »
La nouvelle administration ne fait donc plus la guerre
à la production mulassière, et il est juste de lui en
tenir compte.

Pour faire des mules, il ne suffit pas, fait remarquer
M. Ayrault, de bien choisir les juments, il faut encore
multiplier les prairies artificielles ; et, pendant l'hiver, aider la digestion des pailles et balles au moyen
des racines ou plantes sarclées.

Loin de nuire au poulain, l'embonpoint de la mère
lui est très-favorable. Dans l'état actuel des choses,
100 juments fécondées donnent à peine 50 bons poulains : effet des soins inintelligents de l'éleveur et de la
mauvaise nourriture. Sur 100 vaches, au contraire,

96 ou 98 donnent des veaux. C'est que, dans l'espèce bovine, la production se fait en pleine liberté, et que l'alimentation est régulière.

L'habitude où l'on est, en Poitou, de faire saillir les pouliches à l'âge de 2 ans est la cause principale de l'avilissement de l'espèce chevaline. L'âge de 4 ans est le plus propice : mais à 3 ans, il n'y aurait aucun inconvénient.

D'un autre côté, au lieu de répéter tous les deux jours les saillies, comme on le fait généralement, afin d'assurer la fécondation d'une jument, il serait bien préférable de ne les répéter qu'à huit jours au moins d'intervalle.

En Poitou, les juments ne travaillent pas : elles sont presque exclusivement consacrées à la reproduction. Aux environs de Niort seulement, on les emploie aux travaux. Ce bon exemple devrait se généraliser.

S'il naît au fermier plus de femelles qu'il n'en veut garder, il les vend, d'ordinaire, à des voisins, les pouliches ne sortant guère du Poitou. Les éleveurs du Marais en achètent un très-petit nombre à l'âge de 9 mois. En général, la pouliche vaut, au sevrage, 100 à 150 fr. de plus que le poulain.

On vend aussi les juments de 5 ans, qui, après avoir été saillies pendant deux ou trois ans, n'ont pas pu être fécondées, celles qui avortent plusieurs fois de suite, ou qui sont atteintes du *pissement de sang.* On attend rarement après l'âge de 5 ans pour s'en défaire, car après cet âge, elle diminue sensiblement de volume. La taille des juments poitevines varie de 1^m,52 à 1^m,57.

Les marchands du Midi viennent acheter des juments poitevines pour tous les services aux foires de Niort, Champdeniers et Fontenay. Leur prix moyen est de 5 à 600 francs.

Les éleveurs du Marais et de la Gâtine achètent les poulains de la plaine, dès qu'on les a sevrés. Ils les gardent un an dans leurs herbages. Les cabaniers les vendent l'été à leur sortie des prés, les fermiers de la Gâtine, au contraire, finissent de les engraisser à l'écurie et les vendent pendant l'hiver.

Les cinq sixièmes des poulains sont achetés par les marchands du Perche, de la Beauce et du Berry. Il n'y a pas de réunions consacrées exclusivement à la vente des poulains d'un an. Il y a, au contraire, six assemblées très-nombreuses tous les ans pour la vente des poulains de 2 ans. Elles se tiennent, à Fontenay en Vendée, le 23 juin, le 2 août et le 11 octobre; et à Saint-Maixent, dans les Deux-Sèvres, le 11 janvier et les 3 et 23 février. Indépendamment du commerce des foires, il se fait de nombreuses transactions chez les éleveurs eux-mêmes.

Dans ces six réunions, il se vend environ 3,000 poulains. Le prix moyen des chevaux de commerce est de 5 à 900 francs; ceux qui dépassent ce prix sont destinés à faire des étalons.

La fluxion périodique, les eaux aux jambes, les crapauds qui ne sont pas, ainsi qu'on l'avait affirmé pendant bien longtemps, propres à la race poitevine, disparaissent ou disparaîtront tous les jours avec le progrès de l'hygiène. Mais il est une autre maladie, qui, sans être spéciale à la race poitevine, s'y rencontre fréquemment, c'est une affection qui, au dire de M. Ayrault, apparaît subitement sous forme d'engorgement très-douloureux à la face interne des cuisses particulièrement, est précédée quelquefois et toujours accompagnée d'une fièvre intense. Elle paraît avoir son siége soit dans l'enveloppe cellulaire de la veine saphène ou des vaisseaux lymphatiques qui l'accompagnent, soit dans une des tuniques dont ces canaux sont formés. Cette affection est sujette à récidive ; les accès se renouvellent deux ou trois fois dans l'année, mais la maladie se termine toujours par résolution, tout en laissant après les premiers accès un léger empâtement dans les régions inférieures des membres. On remarque presque toujours chez les bêtes atteintes de cette maladie quelque suintement ou quelque sécrétion morbide dans le paturon.

Le baudet. — Si tout le Poitou produit des mulets, le département des Deux-Sèvres est le seul où l'élevage du baudet mulassier se pratique sur une grande échelle.

Le baudet mulassier a la tête énorme, la bouche moins grande que celle du cheval, et des dents d'un émail très-dur, dont la forme n'est pas exactement semblable à celle du cheval. L'encolure est beaucoup plus forte que celle des autres races asines, mais elle a invariablement la même forme. Plus le corps est long, plus les baudets sont réputés faire de grandes mules. Les jarrets sont aussi forts que ceux des plus gros chevaux de trait, et les jambes sont d'une grosseur étonnante en comparaison des restes du squelette. Les articulations sont aussi d'une puissance extraordinaire.

La taille moyenne du baudet mulassier est de 1^m,40 à 1^m,50. Les aplombs ont rarement la régularité de ceux du cheval.

A de très-rares exceptions près, les baudets mulassiers sont noirs ou bais-bruns. La nature de leur pelage a une grande importance ; car on a remarqué que l'engraissement des mulets issus de pères à poils ras et durs était long et difficile, aussi préfère-t-on les baudets qui ont les poils noirs frisés, longs et cotonneux. On recherche aussi les baudets de ce pelage qui

**

ont le bout du nez blanc ou gris-blanc, ce qui est une preuve de race.

Une fois sevré, le baudet mulassier est soumis à la réclusion la plus sévère. Même pour parcourir les plus petites distances on le fait voyager en voiture.

C'est dans l'arrondissement de Melle, seulement, que les fermiers se livrent d'une manière spéciale à la production du baudet mulassier. Dans le reste du Poitou, on les élève presque exclusivement dans des haras privés. Le Poitou compte environ 160 de ces établissements, dont 94 dans le département des Deux-Sèvres. Ces 94 haras comptent 465 baudets, 274 ânesses et 150 chevaux étalons.

Chaque haras privé se compose généralement de 4 à 8 baudets étalons, de 1 à 2 chevaux mulassiers, d'un boute-en-train, et de plusieurs ânesses.

Comme c'est dans ces haras que l'on fait saillir les juments, c'est-à-dire que l'on fabrique les mulets, on les désigne en Poitou sous le nom d'*ateliers*.

L'atelier est un bâtiment carré sans fenêtres, percé d'une seule porte ; de chaque côté sont les boxes des baudets étalons ou *animaux*, comme on les appelle dans le pays.

Les boxes des baudets sont fermées par des cloisons en planches. Elles sont aérées par une porte pratiquée dans une de ces cloisons, et ne reçoivent de jour que lorsqu'on ouvre la porte de l'atelier.

La monte dans les haras commence à la mi-février, et se termine à la fin de juillet.

Aux mois d'août et de septembre, quand la monte des juments est entièrement terminée, on livre les ânesses aux baudets. Bien que cette saison ait l'inconvénient de placer au commencement de l'hiver la naissance du jeune baudet, elle est préférée, car le baudet étalon ne retourne pas volontiers à la jument,

Fig. 7.

quand il vient d'avoir commerce avec sa femelle na-
turelle.

M. Ayrault met les éleveurs en garde contre ce préjugé absurde, qui veut que, pendant toute la durée de
la gestation, on donne à l'ânesse une nourriture par-
cimonieuse.

Au dehors, on les met pacager sur des chaumes
arides, et, en rentrant à l'écurie, elles ne reçoivent
qu'un peu de foin mêlé à de la paille.

Aussi en résulte-t-il que bien des ânesses avortent,
ou sont mauvaises nourrices, malgré l'alimentation
très-confortable qu'on leur donne pendant la première
quinzaine du part.

Le jeune baudet, ou *fédon*, est l'objet des soins les
plus attentifs. Pendant toute la période de l'allaite-
ment, on ne fait pas saillir la mère, de peur d'altérer
son lait.

Le jeune baudet est sevré à 9 ou 10 mois, et immédiatement mis à l'écurie, d'où il ne sort plus. On l'engraisse avec des mâches de son, de farine et de quelques grains, et avec du foin artificiel, dont ces animaux
sont très-friands.

Les maîtres d'ateliers n'achètent pas les baudets
avant l'âge de 30 mois. Pendant la première année ils
ne saillissent guère que une ou deux fois par jour.
Arrivés à 4 ans, ils prennent rang parmi les étalons
d'âge et saillissent de cinq à six fois par jour.

Le baudet mulassier est très-difficile dans le choix
de sa nourriture. Sa ration préférée se compose de
sainfoin et de luzerne dont les tiges sont dures. La
moindre odeur, la plus légère poussière, lui font jeter
à terre le foin qu'on lui a donné. Il boit l'eau à la condition qu'elle soit très-claire, et qu'on la lui présente
dans un seau très-propre. Pendant l'époque de la
monte, sa nourriture est beaucoup plus abondante.

Outre sa ration de foin de 3 kilogrammes 1/2 à 4 kilogrammes par jour, il reçoit un litre d'avoine après la boisson qui lui est offerte deux ou trois fois par jour, et un supplément d'un demi-litre d'avoine après chaque saillie. Quelques étalonniers intelligents ont pris l'habitude de mêler au foin quelques coupages verts, pour tempérer l'action trop excitante de l'avoine.

A la fin de la saison de la monte, le baudet mulassier est toujours très-gras, mais malheureusement on le néglige autant après cette saison qu'on le soignait pendant l'époque des saillies. On lui supprime entièrement l'avoine, on n'enlève le fumier de sa case que tous les huit ou quinze jours, et enfin, malgré les conseils incessants des vétérinaires, on ne brosse ni n'étrille les baudets. De là une malpropreté qui engendre des affections diverses.

Malgré cette hygiène défectueuse, le baudet mulassier vit vieux, et conserve jusqu'à 25 ou 30 ans ses qualités prolifiques. Jusqu'à l'âge de 18 à 20 mois il est très-doux, mais, ensuite, l'isolement où on le laisse développe en lui des instincts de sauvagerie, qui se traduisent en démonstrations hostiles, contre les personnes étrangères qui veulent accidentellement l'approcher.

Le baudet, comme le cheval et le mulet, est privé du premier lait de sa mère, aussi en résulte-t-il des constipations opiniâtres que ce premier lait était destiné à prévenir. Les mortalités sont très-nombreuses dans le premier mois. La gourme est rare chez les baudets.

Dans la période de 18 à 30 mois, on rencontre souvent de jeunes baudets dont la croissance a été très-rapide atteints de boulétures graves des pieds antérieurs. C'est là encore un des résultats de l'hygiène irrationnelle et de la stabulation permanente, à laquelle sont soumis les baudets mulassiers.

La malpropreté, l'accumulation de la poussière dans le poil, le manque d'air et de lumière, ont donné naissance à une maladie cutanée, dont tous les baudets, presque sans exception, sont atteints à l'âge adulte. Leur peau apparaît alors comme tannée, et l'épiderme épaissi ressemble à celui de l'éléphant.

La maladie affecte énergiquement la peau des extrémités des membres, où elle prend le caractère des eaux aux jambes. La peau se recouvre de végétations dont le volume varie de la grosseur d'une noisette à celle d'une tête d'homme, et qui sécrètent un liquide d'une odeur infecte.

Les fourbures sont aussi très-fréquentes chez le baudet.

Toutes ces maladies, que le savant vétérinaire de Niort décrit en praticien habile, pourraient être évitées par une hygiène mieux comprise, et par des soins manuels intelligemment donnés. Que les éleveurs donnent à leurs baudets de l'air et de la lumière, qu'ils les laissent libres une heure ou deux par jour hors le temps de la monte, qu'ils fassent nettoyer soigneusement la peau des baudets, et ils verront, dit-il, au bout de quelques années disparaître ces maladies, devenues pour ainsi dire inhérentes à la race même des baudets du Poitou.

Les baudets ne sont jamais vendus dans les foires. La vente se fait chez l'éleveur, et l'animal est transporté en charrette au domicile de son nouveau propriétaire. Le prix d'un baudet varie beaucoup, suivant les qualités de l'animal et les conditions du commerce. Les baudets qui atteignent le prix de 7 à 8,000 francs sont très-rares ; les ventes de 5 à 6,000 francs sont communes. Un baudet, même médiocre, vaut de 3 à 3,500 francs. Les ânesses sont loin d'avoir la même valeur. Pour 600 francs, on peut choisir une jeune ânesse qui n'a pas encore fait ses preuves. Mais si elle a donné des produits exceptionnels, on ne la vend à aucun prix.

Les haras sont loin de produire de grands bénéfices à leurs propriétaires. Le haras le plus modeste, comprenant quatre baudets médiocres, un cheval mulassier, un boute-en-train et une ânesse, représente un capital de 11,800 francs environ. Les frais s'élèvent, par an, à 2,139 francs, en comprenant la nourriture des animaux, l'intérêt du capital et l'amortissement. Or chaque animal ne peut saillir que 45 juments, ce qui fait 225 saillies, qui, au prix de 12 francs par saillie — dont 2 francs pour le palefrenier — présentent un produit brut de 2,250 francs, soit un excédant de recettes d'une centaine de francs environ.

Bien que le prix de saillie ait été porté à 15 francs dans beaucoup d'ateliers, il n'y a de vraiment prospères que ceux qui vendent chaque année quelques-uns de leurs baudets, ou qui peuvent entretenir leur cheptel avec le produit de leurs ânesses.

Le mulet. — On appelle mulet le produit de l'âne et de la jument. Le produit de l'ânesse et du cheval s'appelle *bardeau* ou *bardot*, mais il n'est l'objet d'aucune spéculation.

Le mulet, connu de toute antiquité, est le plus sûr, le plus robuste et le plus sobre de tous les animaux que l'homme emploie à son service.

Le mulet ne se reproduit pas. Quant à la mule, on cite quelques cas de fécondation par le cheval, mais elle n'a jamais donné naissance à un animal vivant, la gestation se terminant toujours d'une manière prématurée par un avortement.

La mule est bien plus estimée que le mulet pour tous les services, et son prix est plus élevé. Cela tient, sans doute, à ce que les mulets, étant castrés à deux ans pour être plus facilement dressés, on craint que cette mutilation n'ait diminué leur force et leur aptitude au travail.

Le mulet, relativement à son poids, rend plus de travail que le cheval. Sa longévité est plus grande, et il travaille jusqu'à l'âge de 25 à 30 ans, sans qu'il en résulte d'usure dans les membres.

Les formes extérieures du mulet se rapprochent beaucoup de celles du baudet. On reconnaît cependant, dans tous les organes, l'influence de la mère. Si la tête est grosse et les oreilles très-développées, comme chez son père, le mulet a les dents plus semblables à celles de sa mère.

L'encolure du mulet peut être plus ou moins longue, plus ou moins épaisse, mais elle est invariablement pyramidale. Le poitrail est toujours plus large que celui du baudet. La partie inférieure des membres ne s'infiltre jamais, quelle que soit la durée de la stabulation.

Le mulet a des aplombs tout aussi réguliers que le cheval. L'allure qu'il préfère est le pas, qu'il allonge de façon à pouvoir faire de 5 à 6 kilomètres à l'heure. Il trotte facilement, mais son trot est très-dur.

La taille du mulet varie comme celle du cheval, et dépend de celle des reproducteurs et de l'hygiène suivie pendant l'élevage. On trouve des mulets depuis 1^m,45 jusqu'à 1^m,65. La moyenne de la hauteur est de 1^m,21 à 1^m,55.

C'est le père qui, dans la majorité des cas, donne, suivant M. Ayrault, la couleur de la robe.

L'élevage du mulet, et l'hygiène à laquelle il est soumis, sont les mêmes que ceux du cheval. Le sevrage s'opère vers la fin de novembre.

Les éleveurs qui gardent leurs mules pour les vendre

à l'âge de quatre ans les séparent de leur mère à l'époque du sevrage. Pendant la première quinzaine après le sevrage, on donne aux mulets un peu de son pour remplacer le lait de la mère, et on garnit leur ratelier de foin pur.

A cette période, les mulets sont nourris de foin, mêlé avec beaucoup de paille et de balles. Ces aliments très-volumineux exigent un grand travail des organes intestinaux; de là, un développement excessif du ventre, qui fait perdre à la mule l'harmonie de ses formes.

A l'âge de 15 ou 16 mois, on castre les mulets.

Au mois de septembre de la deuxième année, on commence à les dresser, soit au labourage, en les attelant à côté d'une mule d'âge, soit à la charrette, en les mettant dans les traits entre des bêtes bien dressées.

Après les derniers travaux agricoles d'août et de septembre, on commence à engraisser les mulets, on les isole dans la meilleure écurie de la ferme, que l'on calfeutre avec soin, pour empêcher l'entrée de l'air froid. On les nourrit avec le meilleur foin, et leur picotin est composé de farine d'orge et de grains d'avoine et de maïs mélangés. L'eau qu'ils boivent reste pendant quelque temps dans l'écurie, pour être à la température de l'atmosphère où ils vivent. Après le repas, ils s'endorment sous l'influence de la digestion et de la demi-obscurité où ils sont plongés. Les rations leur sont distribuées trois ou quatre fois par jour. Au bout de trois mois de ce régime, les mulets ont acquis leurs formes les plus parfaites. Quand on les sort, pour les conduire à la foire au bout de ces trois mois, de dociles qu'ils étaient quand on les faisait travailler, les mulets sont devenus vifs, gais, par l'effet de ce régime fortifiant, succédant à une période de privations et de fatigues.

Le mulet étant d'un tempérament essentiellement nerveux, résiste bien mieux que tout autre animal aux travaux pénibles, à une alimentation insuffisante et aux intempéries. Ses maladies, assez rares d'ailleurs, ont le même caractère que celles du cheval.

Il est cependant une maladie, propre au mulet, que M. É. Ayrault a désignée sous le nom d'ictère ou jaunisse des nouveau-nés, et qu'on connaît plus généralement sous le nom de *pissement de sang*.

Les symptômes de la maladie sont une tristesse morne, la perte de l'appétit, et une coloration jaune de la sclérotique et de toutes les muqueuses, dont le fond est pâle ou rouge. Au bout de quelques heures, l'urine se colore et se mélange avec du sang. L'ictère sévit depuis la première heure de la naissance jusqu'au troisième ou quatrième jour, jamais après. Elle est toujours mortelle. L'autopsie a démontré que, chez tous les individus atteints, le siége de la maladie était dans le foie, dont le volume était double ou triple de ce qu'il doit être normalement. On a constaté l'ictère dans des fœtus expulsés dans un avortement, ce qui prouve qu'elle prend naissance pendant la vie intra-utérine. M. Ayrault attribue cette maladie à l'anormalité du croisement entre les races asine et chevaline. En effet, la jument, qui donne naissance à un mulet infecté par l'ictère, met au monde un poulain tout à fait sain, si on la fait saillir ensuite par un cheval ; et si plus tard on la soumet à un baudet, il arrive fréquemment que l'ictère se représente chez le produit. Il y a environ 1/10 de la production totale, dans le Poitou, qui en est infectée.

Le commerce des mulets a lieu surtout pendant l'hiver, du 10 janvier au 8 mai. Les principales foires se tiennent dans le département des Deux-Sèvres, à Saint-Néomaye, à Champdeniers, à Niort, à Celles, à

Melle et à Fontenay, dans le département de la Vendée.

Quelques mules atteignent le prix énorme de 1,314 et 1,500 francs; beaucoup sont vendues 900 à 1,000 francs. Enfin, en prenant comme moyenne le prix de 600 francs par mule, on trouve que le Poitou vend annuellement pour 10,800,000 francs de mulets. En effet, l'industrie mulassière, en Poitou, emploie 50,000 juments environ, dont 38,000 sont livrées au baudet.

En portant à la moitié le chiffre des naissances, et en retranchant 1/19 pour les mortalités et les accidents, on arrive au chiffre de 18,000 mulets livrés au commerce tous les ans.

Si l'on considère le peu de frais qu'exige l'élevage du mulet, qu'on ne soigne sérieusement que trois mois avant la vente, on ne saurait s'étonner du développement qu'a pris l'industrie mulassière. Pour en donner un exemple, nous constaterons que le nombre des juments poulinières, dans le seul département des Deux-Sèvres, s'est élevé de 13,000 à 23,000 depuis l'année 1816.

L'étude que je viens de faire de l'industrie mulassière en Poitou n'est qu'un abrégé du très-intéressant livre de M. Ayrault. J'aurais pu m'inspirer de différents auteurs, mais il m'a semblé préférable d'analyser, de citer les opinions du zootechnicien le plus compétent de notre pays sur des matières inconnues du plus grand nombre, et sur une industrie toute locale, au milieu de laquelle vit, depuis bien des années, le très-distingué vétérinaire de Niort.

Mon but était de faire connaître une industrie florissante d'une de nos vieilles provinces françaises; je crois avoir réussi, grâce au guide que je m'étais choisi. J'espère donc qu'il me pardonnera les emprunts que j'ai faits à son savant ouvrage.

TABLE DES MATIÈRES

Corbeil, typ. et stér. de Crété Fils.